ÉTUDE CRITIQUE

DES

DIVERS SYSTÈMES PROPOSÉS

POUR LE

PASSAGE DES ALPES SUISSES

PAR UN CHEMIN DE FER

FÉVRIER 1864

VEVEY
IMPRIMERIE GSCHWIND, SUTER & Cie
1864

PRÉFACE

Le petit travail qui va suivre, n'était destiné, d'abord, qu'à revêtir la forme modeste d'un article de journal, sous laquelle il parût dans les colonnes d'un organe de la presse suisse, durant les mois de novembre et décembre 1863. Ecrit sur un plan préconçu et à l'aide de données sérieuses, mais interrompu à plusieurs reprises dans sa rédaction et dans sa publication, il dût présenter, outre le défaut d'un style parfois un peu incohérent, l'inconvénient d'une intelligence moins facile, qui résulte presque toujours pour le lecteur, lorsque celui-ci ne peut pas suivre, d'une manière continue, des sujets qui exigent une certaine tension d'esprit, tels que les problèmes scientifiques et techniques.

Malgré les imperfections ainsi signalées, de mon travail, j'ai eu la satisfaction de recevoir l'assentiment de plusieurs personnes compétentes en pareille matière. On approuva le but de mes recherches et la classification méthodique de leur mise en scène. On admit les éléments posés par moi et les conclusions auxquelles j'aboutis. On me conseilla enfin de revoir l'ensemble de ma production et d'en faire l'objet d'une brochure, déstinée à être répandue parmi un plus grand public.

Si je me suis laissé aller à ce dernier conseil, je n'ai cependant aucune prétention, quant à la difficulté et quant au mérite de mon travail. Les calculs et les recherches en sont si simples, que j'ai lieu d'être étonné d'une chose seulement, savoir : de ce que des personnes plus compétentes que moi n'aient pas songé à se charger de cette mission, dont l'utilité est cependant incontestable et résulte de l'importance générale de nos passages alpins.

Je dois mentionner toutefois une tentative partielle, faite dans le sens de mes recherches ou de la discussion générale des systèmes de tracé et de traction, proposés pour les Railways alpins. Je veux parler d'un document de date récente, le rapport de M. de Mondésir, directeur de la « *Ligne d'Italie, par la Vallée du Rhône et le Simplon* », à l'appui d'un tracé étudié pour le passage de ce dernier col alpin, par M. l'ingénieur Lehaître.

C'est précisément la lecture attentive de ce travail, de son argumentation, en général très incomplète et souvent inexacte, qui a fait naître en moi le dessein de traiter le même sujet avec plus de détails, en partant de données sérieuses et irrécusables et non pas de suppositions gratuites.

Si le document officiel de la Compagnie d'Italie pêche dans ce dernier sens, comme je le prouverai dans la suite, je ne crois devoir adresser du reste aucun reproche à ses auteurs. Je sais que, lorsqu'on est mandataire des intérêts d'autrui, on se laisse entraîner facilement, et cela dans un but tout à fait louable, à voir les choses sous un jour fictif et particulièrement favorable aux intérêts que l'on est appelé à défendre. Mais si cette considération peut expliquer les erreurs optimistes de l'ingénieur français; *si j'avais besoin à mon tour de justifier des vérités par des intérêts :* je pourrais m'appuyer encore sur un terrain solide : celui des intérêts publics plus généraux, et même celui des intérêts économiques de l'entreprise d'un Railway alpin, qu'il ne faut pas confondre avec les simples expédients du moment, dont la tendance est de relever le crédit d'une compagnie financièrement embarassée et ébranlée.

Le point de vue auquel je me place, explique déjà les raisons qui me guident et le but que je me propose. Je voudrais qu'une question qui, comme celle de nos passages alpins, touche à des intérêts si nombreux et si divers, fît l'objet d'une étude sérieuse; qu'elle fut jugée d'une manière générale et surtout impartiale et non pas au point de vue d'un intérêt partiel, peut-être encore mal compris. Il me serait pénible de voir, qu'après tant d'expériences dures, faites dans l'établissement de notre réseau suisse, on se lance encore dans l'avenir, légèrement, et sur la seule foi de la grosse caisse de la réclame. Je déplorerais pour mon pays, et pour les capitalistes intéressés, si après avoir fait les plus grands sacrifices pour une solution irréfléchie et irrationnelle, l'avenir ne laissait que cette amère déception : d'un tracé détroné et de l'impuissance même de réunir plus tard, pour une solution meilleure, les capitaux qui auraient été enfouis, d'une manière si peu justifiable, dans une entreprise improductive et ruineuse.

Tel est mon programme.

Je dédie mon travail aux gouvernements et aux particuliers *qui s'intéressent, non-seulement à l'établissement, mais encore à l'avenir des chemins de fer des alpes suisses.*

Lausanne, février 1864.

Georges Lommel,
ingénieur.

PREMIÈRE PARTIE

INTRODUCTION

La question du passage des Alpes suisses, par une ou par plusieurs voies ferrées, préoccupe depuis quelques années le peuple et la presse de notre pays. Reléguée d'abord dans le cercle d'initiative de comités locaux peu connus, cette question a pénétré peu à peu dans les masses. Aujourd'hui elle se pose officiellement dans les Conseils de la Confédération.

C'est un pas important, sans doute, mais il y a loin encore de là à la solution espérée, loin de là au moment où la locomotive franchira, d'une manière ou d'une autre, dans une ou plusieurs directions, les chaînes les plus élevées de l'Europe. Faisant abstraction des difficultés financières d'une telle entreprise et des obstacles qui naissent de la divergence des intérêts en jeu, on peut dire encore qu'au point de vue scientifique absolu, la question entre seulement maintenant dans la période des études sérieuses.

Il ne sera pas inutile, en face de la perspective nouvelle qui va s'ouvrir, de jeter un coup d'œil rétrospectif sur la discussion du passé et de fixer d'une manière générale un programme pour les études à venir.

Les travaux de la période passée ont fourni de nombreux et de précieux documents à l'appui des études futures. Des ingénieurs distingués (à ne citer que MM. Flachat et Pressel) y ont apporté le concours d'une pratique consommée, d'une imagination originale et fertile. D'autres travaux très méritoires sont venus se joindre à ces essais. Chacun a versé son tribut d'activité, et si les opinions énoncées n'ont pas toujours excellé par une justesse parfaite, il faut savoir gré de l'intention désintéressée qui inspirait leurs auteurs.

Cela dit, il est permis aussi de constater une lacune, presque forcée par les circonstances et ne pouvant atténuer, à cause de cela, au grand mérite de ceux qui ont participé à l'étude préliminaire de la question. L'absence de toute direction impartiale et unitaire, la divergence des intérêts, représentés, plus ou moins, par les divers auteurs : ces causes ont eu pour résultat naturel un défaut d'ensemble et une forme souvent illogique dans la discussion. On s'est attaché avec acharnement aux questions secondaires et locales, en général peu définies, et on a passé sous silence les grands problèmes généraux, préliminaires indispensables de tout travail sérieux.

A l'appui de mon assertion, il me suffira de citer un seul fait important. Les travaux passés ont mis au jour *deux grands systèmes* sortant des limites ordinaires, de même que le problème général auquel ils s'appliquent. Les uns ont proposé de passer les Alpes par des souterrains d'une longueur exceptionnelle, et ils ont imaginé des moyens mécaniques spéciaux pour arriver au percement rapide des galeries. [1]) D'autres nous présentent des systèmes de traction propres à franchir les sommets des cols, cela au moyen d'un tracé avec des rampes excessives et avec des courbes à faible rayon, exploité à l'aide de locomotives d'une puissance hors ligne.

Entre ces deux systèmes, tout différents, on a proposé des tracés intermédiaires et des modes d'exploitation mixtes.

Cette grande *question préliminaire du système* n'a été discutée nulle part avec ensemble. Des arguments isolés ontété produits, par ci et par là, à l'appui d'une opinion. Un grand vague est resté dans l'esprit de tout le monde. La presse ne pouvait faire autrement que de participer à l'incertitude des hommes spéciaux. Aussi s'est-elle bornée à tout approuver sous ce rapport. Un ingénieur de construction proposa-t-il un système nouveau pour la perforation des tunnels, un tracé allongé pour obtenir des souterrains moins longs : on vit déjà les Alpes percées à leur base. Un autre technicien nous présente un système pour franchir une montagne russe : nous applaudissons au progrès de la science et notre imagination se transporte aisément sur les sommets du Simplon et du St-Gothard. Il ne nous est pas encore venu dans l'idée de discuter, d'une manière approfondie, ce qui valait mieux pour nous : de percer le trou ou de gravir la montagne. Dans notre grande ardeur de faire, nous avons oublié un peu la question importante : *de savoir ce que nous voulions faire.*

Et cependant, le problème posé, prime tous les autres. *Il renferme à lui seul toute la question d'avenir d'une voie ferrée à travers les Alpes.* Il aurait pu se discuter plus aisément que des tracés en partie peu étudiés. Probablement aussi, la discussion eut provoqué un intérêt plus réel, une conclusion plus positive que celle de quelques journaux de la Suisse allemande, qui se donnent beaucoup de peine pour nous prouver (dans un sens et aussi dans l'autre?) que

[1]) On peut classer dans cette catégorie les travaux de MM. Mauss, Bartlett-Sommeiller (Mont-Cenis) et ceux de M. Pressel, ancien ingénieur en chef du chemin de fer Central-Suisse. Parmi les systèmes spéciaux de traction, nous citons celui de M. E. Flachat, celui de M. Ch. Thouvenot et de M. Petiet; le dernier récemment expérimenté.

l'un des tracés présente sur un développement total de quelques centaines de kilomètres un développement supplémentaire de dix kilomètres, que ses rampes dépassent de un millième celles de la ligne concurrente, et que l'on perdra vingt minutes de temps de trajet en se servant de celle-ci.

Nous essaierons, avec les faibles moyens à notre disposition, de ramener la discussion dans un cadre logique. Ainsi, avant d'aborder nos réflexions générales sur les tracés en concurrence, nous chercherons à fixer les bases sur lesquelles ces tracés doivent être établis.

Ces bases se résumant dans les modes d'exploitation, nous mettrons en parallèle les trois systèmes principaux : 1° *celui de franchir les Alpes dans leur région inférieure, en perçant un long souterrain;* 2° *celui de franchir la chaîne par le sommet des cols, en ayant recours aux rampes de 50 à 60 pour mille et aux courbes de 100 à 150 mètres de rayon;* 3° *le système mixte, consistant dans l'emploi de rampes de 35 à 40 pour mille et de courbes de 200 à 300 mètres de rayon.*

Nos arguments dans cette question préliminaire porteront sur les divers points de vue applicables à l'examen de l'utilité d'une voie ferrée. Nous essaierons de poser successivement les motifs politiques, militaires et commerciaux en faveur de l'un ou de l'autre système. Avant tout, nous aborderons le côté économique de l'entreprise en elle-même, et nous nous placerons un instant au point de vue d'une compagnie financière chargée, à ses risques et périls, de l'entreprise de la construction et de l'exploitation d'une voie ferrée à travers les Alpes.

Préalablement nous croyons devoir donner un court aperçu des systèmes en présence.

DEUXIÈME PARTIE

EXPOSÉ PRÉLIMINAIRE

DES

TROIS SYSTÈMES EN PRÉSENCE

A. — Système de franchir les Alpes dans la région inférieure par un long souterrain.

La longueur des souterrains exécutés jusqu'à nos jours, pour des voies ferrées ou des canaux, est de cinq à six kilomètres au maximum. Les tunnels dont la longueur approche ces chiffres et même ceux qui ne dépassent pas deux ou trois kilomètres, présentent souvent des obstacles majeurs et une durée considérable des travaux et arrêtent, par là, de plusieurs années l'ouverture complète des lignes ferrées destinées à les franchir. La science a employé cependant tous les moyens, jusqu'à présent en son pouvoir, pour accélérer la marche des travaux. Les points d'attaque sont multipliés par le creusage simultané de nombreux puits, dont la profondeur maximum est de 250 mètres environ et dont l'espacement entre eux varie de 50 à 1000 mètres. [2])

[2]) Autrefois on cherchait à rapprocher les puits, parce que l'avancement en galerie était bien inférieur à celui que l'on peut atteindre aujourd'hui, même par les procédés ordinaires. Au Tunnel de St-Cloud près de Paris, par exemple, l'espacement des puits varia entre les chiffres de 50 et 75 mètres seulement. Il est vrai qu'on fut très pressé pour l'exécution de ce souterrain, et que les puits fûrent peu profonds (entre 16 et 33 mètres) de telle sorte que le surplus de coût de leur perçage ne fut pas très grand. Au souterrain du Hauenstein la distance entre les deux seuls puits (sur une longueur totale de 2496 mètres) fût de 1000 mètres environ. Cet exemple est extrême dans l'autre sens. Il s'explique par la difficulté immense de l'établissement d'un troisième puits, d'abord projeté, dans des ter-

Si malgré ces moyens coûteux, la durée de percement est restée encore excessive, à cause du faible avancement linéaire journalier, des galeries de front, qui partent des points d'attaque, on doit concevoir les plus vives appréhensions quant au terme d'achèvement d'un souterrain qui franchirait les Alpes dans leur région inférieure; car d'un côté l'épaisseur considérable de la chaîne obligerait à doubler et à tripler la longueur des plus longs tunnels établis jusqu'à ce jour; d'autre part le creusage des puits d'attaque serait rendu presque impossible ou du moins fort restreint à cause de la hauteur formidable qui sépare le contour des versants du radier du souterrain.

L'attaque de la galerie se trouverait ainsi réduite aux points extrêmes, soit aux deux têtes du souterrain, et dans les circonstances exceptionnellement favorables, à deux ou quatre points supplémentaires, donnés par des puits, assez proches des têtes, pour que la distance à franchir, dans la partie centrale de la montagne, reste encore excessive.

Systèmes de percement.

On conçoit, après l'exposé qui précède, que l'exécution d'un long souterrain alpin, *par les procédés ordinaires* dût paraître de prime abord une utopie. Aussi n'y s'ongeât-on pas; aussi, en même temps qu'il fût question d'une entreprise aussi gigantesque, des moyens non moins grandioses furent proposés par les ingénieurs. Ces moyens, différents dans leurs détails, ont tous pour base commune l'emploi d'un puissant moteur destiné à remplacer le travail de l'homme, dans l'attaque des galeries d'avancement. Examinons les successivement.

Système Mauss.

Les premiers essais pour la perforation mécanique des galeries de souterrains, dans les terrains rocheux, accélérée par l'emploi d'un fort moteur, remontent de quinze ans environ. Ils sont dûs à l'initiative d'un ingénieur belge, M. Mauss, directeur technique de plusieurs chemins de fer italiens. Le système de cet ingénieur [3]) ne rencontra qu'un suc-

rains très aquifères, et par l'avancement relativement rapide en galerie, obtenu par le procédé d'attaque dit anglais, et à cause des terrains relativement favorables, qui précédèrent, du côté Sud, les couches aquifères et argileuses. L'espacement moyen et normal des puits peut-être estimé à 300 mètres.

[3]) Le côté caractéristique de ce système repose entièrement, comme pour celui du Mont-Cenis, dans l'opération qui précède l'action de la poudre. Au Mont-Cenis, on perce d'une manière accélérée des trous de mine, chargés ensuite de la manière ordinaire. Dans le système de M. Mauss on pratiquait, dans le front d'attaque de la galerie d'avancement, une série de rainures divisant la roche en blocs, que l'on faisait sauter ensuite, par l'action de coins ou par des mines. M. Pressel exprime à ce sujet une idée très juste dans sa brochure, accompagnant les dessins de la machine de perforation proposée par lui. Les systèmes précédents, dit-il, ne pouvaient présenter des résultats avantageux, parce que, malgré leurs dispositions ingénieuses, ils manquent par la base. En effet, tous les avantages obtenus, *tout le temps gagné ne porte que sur une* SEULE *opération parmi* SEPT OU HUIT qu'il y a à faire dans l'établissement d'une galerie. On perce d'une manière très accélérée des trous de mine, mais après il faut les nettoyer, les charger, allumer les mèches, attendre que les mines aient fait explosion, laisser évacuer la fumée (ce qui n'est pas chose facile dans une petite galerie), puis transporter les matériaux détachés. Ainsi le temps gagné ne porte que sur une opération qui en elle-même n'exige que 5—6 heures d'un travail journalier de 24 heures et alors même que l'on gagnerait 100 pour 100 sur la vitesse de cette opération on n'aurait gagné que 10—12 pour cent sur le travail entier de la journée.

cès pratique très mitigé, cela pour des motifs qu'il est aisé de s'expliquer maintenant, mais qu'il serait trop long d'exposer ici.

L'insuccès du système de M. Mauss fit renoncer, pendant un certain temps, non pas aux recherches dans ce sens, mais aux applications pratiques sur une grande échelle.

Système Bartlett.

Un nouvel essai eut lieu seulement en février 1856, pendant la construction du souterrain du Hauenstein, entre Bâle et Olten. Cet essai se fit sur le système de l'Ingénieur anglais, M. Bartlett, (l'un des représentants du grand entrepreneur M. Brassey) attaché auparavant à la construction du chemin de fer du Victor-Emmanuel. Après plusieurs expériences satisfaisantes, faites en plein air, on installa la machine dans la galerie d'avancement qui partait de la tête sud du souterrain. Le travail en galerie rencontra plusieurs obstacles qui ont dès lors trouvé une solution convenable au Mont-Cenis, par l'emploi de l'air comprimé comme force motrice agissant sur les machines de travail et comme moyen de transmission. Néanmoins ces inconvénients et la nécessité de perfectionner l'appareil de perforation, firent suspendre pendant un certain temps son emploi au Hauenstein; puis la galerie avança par les moyens ordinaires de telle sorte qu'il n'y eut plus lieu de recourir au procédé spécial de M. Bartlett.

Système Bartlett-Sommeiller (Mont-Cenis).

Ce dernier procédé (ayant pour base le percement accéléré d'une quarantaine de trous de mine, dans le front d'attaque de la galerie, par un fort moteur et par des machines spéciales) fut repris, lors de l'attaque du grand souterrain du Mont-Cenis, par les ingénieurs chargés de cette entreprise, MM. Grandis, Grattoni et Sommeiller. Des perfectionnements importants furent introduits dans le système. L'emploi ingénieux de l'air comprimé (dû à l'idée de M. le professeur Colladon, de Genève) doit être compté parmi ceux-là en première ligne. Malgré ces perfectionnements, le système ne put jamais atteindre un avancement journalier de la galerie au-delà de deux mètres. L'avancement moyen de la dernière période ne peut même être estimé au-delà de 1^m 40 à 1^m 50. En portant à mille mètres environ, (soit 2 multiplié par 1^m 40 multiplié par 365) l'avancement annuel avec deux points d'attaque et en admettant que cet avancement moyen reste constant au fur et à mesure que l'on s'approchera du milieu du souterrain, on arriverait à la conclusion, qu'il faudrait encore de neuf à dix années, *au minimum*, pour joindre les galeries nord et sud du tunnel du Mont-Cenis.

Une autre objection non moins grave au système du Mont-Cenis, réside dans son coût excessif. Néanmoins on est allé trop loin dans les estimations récentes. Ainsi, en portant le prix métrique du souterrain à 6000 fr., on a commis, en tout cas, (car nous ne voulons prendre aucune responsabilité pour l'exactitude absolue de ce chiffre, qui nous paraît au contraire très exagéré, par les adversaires du système) une bévue peut-être volontaire. Les installations très grandioses et trop grandioses du Mont-Cenis ont exigé, une fois pour toutes, une dépense de plusieurs millions. Ces installations serviront nécessairement pour tout le souterrain, leur frais se retrouveront en partie à la fin des travaux. C'est donc une double erreur que de mettre sur le compte des trois premiers kilomètres percés une dépense qui ne doit pas seulement se répartir, en entier, sur la longueur totale du souterrain [4]).

Les nombreux inconvénients du système du Mont-Cenis engagèrent, il y a un an, M. Pressel, alors Ingénieur en chef du Central-Suisse, actuellement chargé de la construction des lignes du Brenner, de Styrie et du Sœmmering, a proposer un système tout nouveau, se basant en cela sur les essais précités, opérés sous ses auspices au Hauenstein, et sur une étude approfondie et détaillée des défauts dans les systèmes mis en usage jusqu'à ce jour. Système Pressel.

M. Pressel a projeté et publié avec les dessins de détail son système, qui comporte, comme celui du Mont-Cenis, l'emploi de l'air comprimé comme moteur. La machine de travail est cependant toute différente. Elle se base sur un système de perforation, analogue à celui des puits artésiens de fort diamètre.

On ne peut contester la grande justesse des arguments de M. Pressel, ni les dispositions vraiment ingénieuses et prévoyantes de sa machine. L'avancement journalier, calculé d'après des essais, opérés à l'appui des données premières du calcul, serait de plus de neuf mètres par point d'attaque et par jour pour une galerie ayant une section de 1^m 90 sur 2^m 20 soit de 4,18 mètres carrés.

Un tel résultat coïnciderait avec un avancement annuel de (365 jours multiplié par 9 mètres) 3285 mètres par point d'attaque et de 6570 mètres pour un souterrain pouvant être attaqué par les deux têtes seulement. Nous ne mentionnerions pas ce résultat incroyable s'il n'était basé sur des expériences et des calculs qu'il ne sera pas difficile de vérifier. Nous sommes persuadés au reste que la pratique ne répondra pas en entier aux données de la théorie et que le maximum du travail réalisable par l'appareil ne serait atteint qu'après un usage de un an ou plus. Mais les mécomptes inévitables, réduiraient-ils l'avancement réel au tiers de l'avancement théorique, la machine de M. Pressel serait encore un progrès important et permettrait d'achever en cinq ou six ans, un souterrain de 12 kilomètres de longueur.

Tel est aujourd'hui l'état de la question. On peut se demander, après l'exposé qui précède, *si la science a dit son dernier mot quant au problème du percement rapide des souterrains*. Nous ne le pensons pas. Il nous paraît qu'un avenir peu rapproché doit confirmer les perfec- Conclusion générale et préliminaire quant aux systèmes de percement.

[4]) Il nous suffira de dire que du côté de Bardonnèche les compresseurs d'air, installés à double, représentent une force de 800 chevaux-vapeur, tandis que la force absorbée par les machines de travail est de 100 chevaux-vapeur à peine. Il n'est pas à présumer que cette dernière force actuellement exigée augmente de beaucoup au fur et à mesure que l'on s'approchera du milieu du souterrain. La perte de force qui résulte du frottement de l'air dans les conduits est insignifiante, comme cela est prouvé déjà par les expériences actuelles. En effet, sur une longueur de conduite de 1000 mètres la diminution de pression de l'air fut de $^1/_5$ atmosphères seulement. Cette diminution pourrait être réduite encore, si en place de la conduite de vingt centimètres de diamètre, on employait un tuyau de trente centimètres. Le surplus de dépense pour cette conduite serait peu important. Au Mont-Cenis la perte de force expansive ne signifie pas grand'chose, puisque les moteurs sont d'une puissance excessive et que la production de force par les moyens hydrauliques ne donne lieu qu'a une dépense relativement faible. Le petit diamètre de la conduite peut donc paraître motivé au Mont-Cenis.

tionnements que nous signalons. Car telle est la marche des grandes innovations : c'est par l'insuccès que l'on arrive souvent au succès partiel et de là, par la persévérance, au succès complet. Que l'on jette un coup d'œil rétrospectif, sur les dernières périodes décennaires, on verra bien réalisé nombre de problèmes qui parurent des utopies d'abord. On ne pourrait pas donner cette qualification au problème qui nous occupe. Un progrès partiel est déjà palpable et manifeste. Le premier mot seulement a été dit, les Ingénieurs les plus distingués s'occupent à pousser plus loin les recherches. Ne désespérons donc pas de l'avenir et ayons foi dans les solutions matérielles qui échappent rarement à l'association du talent et de la persévérence.

Systèmes de traction. La confiance dans le succès de la perforation rapide, par des machines spéciales, n'a pas été partagée par tous les Ingénieurs. Cette confiance fut ébranlée surtout, après les premiers essais au Mont-Cenis, qui ne donnèrent que des résultats peu encourageants, bien au dessous même des chiffres que nous avons consignés plus haut et qui datent de 1861. Des propositions raisonnées et sérieuses, comme celles de M. Pressel, ne furent point encore émises à cette époque. En pareilles circonstances, il est compréhensible qu'un certain doute se soit emparé de l'esprit d'Ingénieurs distingués et que ce doute se soit manifesté par la proposition d'une solution, extrême aussi, mais dans le sens opposé, à celle que nous venons d'exposer. Cette nouvelle tendance donna jour au système que nous avons désigné sous le nom suivant.

B. — Système consistant à passer les Alpes par leur sommet, au moyen d'un tracé avec rampes de 50 à 60 pour mille et avec courbes de 50 à 100 mètres de rayon.

C'est au célèbre Ingénieur français, M. Eugène Flachat, qu'est due la première proposition de franchir les Alpes par leur sommet, en employant à cet effet un matériel tout spécial.

Système Flachat. Les locomotives ne pouvant être douées, dans l'idée de M. Flachat: ni d'une adhérence suffisante pour gravir, en remorquant une charge convenable, des rampes de 5 à 6 pour cent d'inclinaison ; ni, (avec le couplement obligatoire du grand nombre de roues, d'une machine pesante) la flexibilité voulue pour passer dans les courbes à petits rayons : l'Ingénieur français proposa de profiter du poids adhérent du matériel remorqué, de la manière suivante :

La locomotive est construite d'après les principes ordinaires ; elle est munie de son mécanisme moteur, et peut effectuer, outre le travail absorbé par sa propre mise en mouvement, *une partie* du travail exigé pour la remorque du convoi entier. Le poids de la locomotive et son adhérence qui en dépend, constituant pour le travail de celle-ci une limite inférieure au travail total à effectuer, il s'agit d'obtenir, d'une manière ou de l'autre, le travail complémentaire. A cet effet, M. Flachat propose de munir la locomotive d'un générateur de vapeur très puissant, capable de produire une quantité de vapeur plus grande que celle absorbée par le travail possible du mécanisme moteur de la locomotive. L'excédant de la vapeur produite se rend depuis la chaudière dans un tuyau qui longe le train, et qui est articulé au moyen de rotules, afin de permettre le passage dans les courbes. Chaque wagon du convoi est muni de deux cylindres à vapeur, avec organes de distribution et de translation. Ces cylindres sont alimentés depuis la chaudière, au moyen de conduites de branchement articulées qui se bifurquent sur la conduite principale mentionnée plus haut.

Il est facile de saisir que, dans le système de M. Flachat, chaque wagon est une véritable machine, sans chaudière indépendante toutefois. Pourvu que la vapeur fournie ne tarisse pas, chaque wagon, quelque chargé qu'il soit, pourrait être mis en mouvement par son propre mécanisme. En effet, on comprend aisément que le pouvoir adhérent du véhicule reste toujours proportionnel à son poids. Ainsi donc, la limite du travail qu'il pourrait effectuer, sera donnée : d'une part par la capacité de production de la chaudière ; d'autre part par l'angle d'inclinaison de la voie dont le sinus ou la résultante d'effort correspond au coëfficient de glissement de l'acier sur fer, du bandage de la roue sur le rail. Cet angle varie selon les conditions climatériques et météorologiques entre 10 et 18 pour cent.

Le système dont nous venons de décrire les généralités est hardi et ingénieux. De graves objections ont été élevées, toutefois, dès son apparition, et on est allé jusqu'à mettre en doute la possibilité de sa mise en pratique. Nous examinerons plus loin les arguments donnés à l'appui d'une telle opinion, arguments qui peuvent s'appliquer, plus ou moins, à tout tracé franchissant les sommets des cols.

En émettant ses propositions, M. Flachat ouvrit le chemin aux idées d'autres Ingénieurs qui tentèrent, par des moyens un peu différents, la solution du passage des cols à ciel ouvert.

Système Thouvenot.

M. Ch. Thouvenot, ingénieur, résidant dans le canton, publia, il y a peu de temps, la description et les dessins d'un système par lui inventé. De même que dans le système de M. Flachat, le poids des véhicules entre dans la force adhérente du moteur, cela en vertu d'un mode de couplement des wagons avec la locomotive et entre eux, à l'égard duquel l'auteur propose trois moyens : *courroies, bielles ou chaînes de Galle*. Une machine locomotive aux dimensions colossales (pouvant fournir à elle seule toute l'adhérence nécessaire pour gravir par le temps sec une rampe de 6 pour cent avec un convoi de dix wagons et de cent tonnes de charge utile) forme le point de départ de tout le système. Cette machine est à 4 cylindres et à 12 roues ou six essieux, ces derniers réunis entre eux en deux groupes de trois. Les cylindres agissent séparément, deux par de deux, sur les deux groupes de roues ou d'essieux. La chaudière commune est munie d'une cloison, partielle seulement, pour éviter la trop grande dénivellation de l'eau, par suite des accidents du profil de la ligne, tout en permettant la communication de la vapeur. Outre plusieurs dispositions très remarquables destinées à assurer : le tirage, l'alimentation, l'évaporation et l'échauffement préalable de l'eau : la machine se caractérise, si nous osons nous exprimer ainsi, par sa grande *flexibilité*, résultat obtenu par le pivotement de la chaudière sur deux chariots distincts, lesquels portent le mécanisme de distribution du moteur, dont l'admission et l'échappement s'opèreraient à l'aide de conduites articulées.

Comparaison élémentaire entre les systèmes Flachat et Thouvenot

Comparé au système de M. Flachat, celui de M. Thouvenot se distingue par sa plus grande simplicité. Les wagons seront moins coûteux d'établissement et ne seront plus chargés de cet excès de poids mort, donné par les cylindres et leur mécanisme de translation. La locomotive de M. Thouvenot serait, il est vrai, un peu plus lourde que celle exigée pour un même développement de force avec le système de M. Flachat, mais en somme l'avantage resterait encore aux propositions de M. Thouvenot, dont le système éviterait aussi les inconvénients d'une longue conduite de prise de vapeur, exposée à la perte de pression et même à la condensation. Mais le côté le plus méritoire et le plus utile des études de M. Thouvenot, serait à nos yeux celui, que l'on pourrait se dispenser à la rigueur, de l'emploi de wagons spéciaux et du double transbordement qui en résulterait. Nous avons déjà vu que l'adhérence de la machine seule permettrait de remorquer par un temps sec un convoi composé de dix wagons et d'une charge utile de cent tonnes. Ce convoi et son chargement subiraient une réduction de moitié presque par le mauvais temps. Mais dans ce cas là, il suffirait encore amplement pour le service des voyageurs. Les trains de marchandises, par contre, devraient être réduits dans leur composition et multipliés dans leur nombre [5]).

Conclusions générales et préliminaires quant aux systèmes à très fortes rampes.

Après cette comparaison élémentaire des deux systèmes de MM. Flachat et Thouvenot, entr'eux il nous reste à parler, au point de vue général de notre exposé, des avantages et des inconvénients qui leurs sont communs et qui sont inhérents à tout tracé franchissant les Alpes par les sommets des cols.

Les *avantages* apparents d'un tel tracé, se résument dans *la célérité de sa construction et dans son coût relativement peu élevé*.

Les *inconvénients* sont nombreux. On peut les classer dans les quatre chefs qui vont suivre.

1° Sans entrer dans les chiffres détaillés, que nous développerons plus loin, on peut dire, dès à présent, que l'exploitation d'une ligne, traversant le sommet d'un col alpin, serait d'un coût excessif. Le coût de la traction seule, ne peut être estimé à moins de 7 à 8 fr. par kilomètre parcouru à la montée, soit de 3 fr. 50 à 4 fr. en moyenne, tan-

[5]) Dans notre opinion, la locomotive de M. Thouvenot *résume* essentiellement la valeur *pratique* du système proposé par cet ingénieur. Le système de couplement du train est très orginal et les détails en sont projetés et exposés avec beaucoup de connaissance de cause; nous croyons même l'idée fondamentale susceptible d'une application partielle, mais dans les conditions particulières de la traversée des Alpes, cette application soulève de graves objections. M. Thouvenot n'est pas éloigné de se ranger à notre opinion, que nous lui avons exprimée avec beaucoup de franchise. Cet ingénieur publiera prochainement, du reste, une nouvelle brochure dans laquelle il proposera un autre système de wagons qui, bien que moins compliqué que celui projeté dans sa première brochure, pourra néanmoins passer dans des courbes de bien plus petits rayons et circuler aussi très facilement sur les chemins ordinaires. Cette dernière condition permettrait d'éviter les transbordements.

dis que sur les chemins ordinaires ce prix varie de septante centimes à un franc. Si nous introduisons encore dans cette estimation, la charge nécessairement très réduite des convois sur les chemins à fortes rampes, et le surplus de longueur de ceux-ci, comparativement à une ligne avec un grand souterrain, on peut évaluer le rapport du coût des deux systèmes par unité de charge et pour la traversée totale comme 1 est à 10 au moins.

2° Il est à craindre que les neiges forment un obstacle grave pendant la mauvaise saison et qu'elles entraînont : ou des interruptions de service forcées et prolongées [6]), ou des travaux de défense tels, que le coût du tracé à fortes rampes en serait passablement augmenté, et que par là son principal avantage, *le bon marché d'établissement*, disparaisse.

3° Les transbordements au pied de chaque versant, obligés par l'emploi d'un matériel spécial, seront de nature à éloigner le trafic, de la ligne placée en pareilles conditions.

4° Il n'est pas prudent lorsque, comme nous l'avons vu, la cassure d'une bielle ou autre pièce de la locomotive, peut occasionner sur un chemin de plaine une journée de perturbation du service, de se lancer dans la haute montagne avec un matériel infiniment plus compliqué; de multiplier les chances d'accidents précisément là où les suites peuvent être bien plus graves.

Ces diverses objections méritent de prime abord la plus sérieuse attention. Elles existent surtout pour le système de M. Flachat. Nous devons dire que les arguments produits sous 3° et 4° ne s'appliqueraient plus au système de M. Thouvenot, si cet Ingénieur parvenait, comme nous l'espérons, à supprimer entièrement dans son système la nécessité d'un matériel spécial.

Nous ne pouvons pas entrer dès à présent dans les détails de la discussion. Nous examinerons plus loin à fond cette grande question économique, en nous appuyant sur des considérants précis et sur des chiffres relativement exacts. Il nous reste maintenant à exposer au lecteur le troisième système présenté pour le passage des Alpes.

C. — Système consistant à franchir la montagne par un tracé avec rampes de 35 à 40 pour mille et avec courbes de 250 à 300 mètres de rayon, en ramenant la longueur du souterrain culminant à des proportions normales et en la limitant à 4 ou 5 kilomètres.

Système intermédiaire. Lehaître-Mondésir.

Il est facile à voir que ce système tient la moyenne entre les deux solutions extrêmes que nous venons de passer en revue. Par là il

[6]) M. Flachat a répondu à cette objection en citant des données statistiques, qui réduisent à peu de jours l'interruption annuelle du service postal sur les routes du Simplon et du St-Gothard. Nous pensons que cette comparaison n'est nullement concluante. Le service postal se fait sur ces passages, en hiver par des traîneaux qui abandonnent très souvent la route obstruée, pour suivre, tantôt les coteaux accessibles, tantôt le thalweg de la vallée, en un mot, le conducteur cherche son tracé sur la neige. Ce simple fait suffira pour faire comprendre qu'on ne peut trop établir de parallèle entre l'exploitation d'un chemin de fer et la conduite d'un traîneau par la haute montagne.

rentre dans des conditions un peu plus normales d'établissement et d'exploitation, et ne se trouve plus tant caractérisé par des moyens spéciaux, dans l'un ou l'autre sens.

Toutefois, l'emploi des rampes de 40 pour mille et des courbes d'un rayon relativement faible, exige une locomotive très forte et très flexible, et, par suite de la configuration topographique des chaînes qu'il s'agit de franchir, un *tracé fort bizarre*. Puisque ce dernier élément est très important, nous sommes heureux de pouvoir l'aborder, en nous appuyant sur des travaux, auxquels on peut attribuer, au point de vue des éléments premiers, un caractère relativement positif. Nous voulons parler des études faites sous les auspices de la Compagnie du chemin de fer d'Italie, pour le passage du Simplon.

La locomotive spéciale, décrite dans le rapport des ingénieurs de cette Compagnie, est due à MM. Petiet et Gouin. Elle est à 4 cylindres, comme celle de M. Thouvenot, mais bien moins forte, comme il résulte de la comparaison ci-bas, [7]) des expériences faites sur la petite rampe de St-Gobain, et de calculs aussi simples qu'irrécusables. Elle est aussi moins flexible [7 bis]), car l'écartement des essieux extrêmes est de six mètres, tandis que, dans le système de M. Thouvenot, par suite de l'articulation décrite de la chaudière, sur deux chariots distincts, cet écartement doit être compté comme étant de 2^m 70 seulement. En somme on peut dire que la locomotive de M. Thouvenot compléterait le système de traction d'un tracé comme celui de la Compagnie d'Italie, et pourrait être d'une grande utilité pour le service des marchandises.

Nous avons dit, en second lieu, que les tracés intermédiaires se caractérisaient par des dispositions bizarres. Il résulte, en effet, de la topographie particulière des cols alpins, de la forte pente de ses torrents, dans les régions moyennes et supérieures, qu'un tracé à 40 pour mille d'inclinaison ne pourrait tirer qu'un faible profit des sillons tracés par la nature. Dès lors ce tracé devrait nécessairement cotoyer sur des versants souvent peu appropriés au développement en lacets de courbe. C'est à cette circonstance essentiellement qu'il faut attribuer

[7]) *Données comparatives.*	*Machine Thouvenot.*	*Machine Petiet.*
1° Surface de grille	4^{m2} 47	4^{m2} 40
2° Surface de chauffe	487^{m2} —	235^{m2} —
3° Diamètre des cylindres	0^{m1} 70	0^{m1} 45
4° Course des pistons	0^{m1} 65	0^{m1} 47
5° Poids de la machine avec approvisionnements à peu près épuisés	72 tonnes.	53 tonnes.
6° Effort adhérent dans les conditions moyennes d'approvisionnement	13,000 kilog.	9500 kilog.
7° Charge brute maximum, remorquée sur une rampe de 40 pour mille, vitesse 20-25 kilomètres	203 tonnes.	148 tonnes.
8° Charge utile maximum sur la même rampe	125 «	91 »
9° Force en chevaux-vapeur	1,000 »	700 »

[7 bis]) Le procès-verbal des expériences faites par MM. Mondésir et Gouin, après avoir expliqué que la petite voie de St-Gobain remplissait bien les conditions exigées pour l'essai, à cause de ses courbures très prononcées, qui descendent à 85 mètres de rayon. Constate cependant plus loin qu'on s'est arrêté à cette dernière courbe et qu'on *n'a pas jugé à propos de la franchir !!*

un résultat comme celui obtenu par les études de M. l'Ingénieur Lehaître, résultat que nous croyons devoir préciser dans les chefs ci-contre :

1° *La longueur du tracé entre Brigg-Glyss (Suisse) et Domo-d'Ossola (Italie) est de 81 kilomètres.*

2° *Sur cette longueur les parties en souterrains* (percés dans le gneiss ou dans le granit), *ou couvertes par des galeries en maçonnerie occupent un développement de près de quarante-cinq kilomètres, soit de 55 pour cent de la longueur totale.*

3° *La traversée s'effectue sur les deux versants par* DOUZE REBROUSSEMENTS.

4° *Le coût du tracé, pour une seule voie, non compris un intérêt quelconque pendant la construction, est évalué par les auteurs à soixante-six millions.*

Certes ce résultat est peu favorable. Il permet d'être médiocrement rassuré, quant à l'exploitation d'une ligne, destinée, selon les auteurs du système, à absorber le trafic du commerce des Indes avec le Nord-Ouest de l'Europe.

Conclusions préliminaires sur l'ensemble des trois systèmes.

On a déjà pu voir, par l'exposé des trois systèmes en présence, qu'aucun d'entre eux ne pouvait être considéré comme étant d'une réalisation impossible ; on a pu se persuader aussi que chaque système renfermait, à côté de quelques avantages, des difficultés sérieuses, et de grandes incertitudes quant au coût et à la durée des travaux, l'intensité du trafic, et le prix de revient de l'exploitation.

Nous résumerons ces avantages, ces difficultés et incertitudes, et caractériserons chaque solution comme suit :

1r *système (A). Long souterrain.* Le coût et la durée de la construction sont peu définis, mais susceptibles de très grandes améliorations à l'égard desquelles les résultats actuels du Mont-Cenis forment la limite inférieure. La solution obtenue serait belle et radicale. Les Alpes seraient franchies en moins d'une heure. L'exploitation se ferait dans des conditions normales et économiques, *avec la régularité et la célérité voulues,* et le trafic, suivant toujours les artères qui présentent de telles conditions, serait assuré.

2e *système (B). Franchir les cols par les sommets.* La durée des travaux serait passablement réduite [8]) de même que leur coût. L'exploitation serait soumise à de grandes chances d'interruption et à des irrégularités presque permanentes, surtout si l'on n'établissait qu'une simple voie, comme cela est prévu. Cette exploitation serait d'un coût hors ligne. La durée du trajet entre Brigue et Domo-d'Ossola ne pourrait s'effectuer en moins de 4 à 5 heures. Les transbordements *éventuels*, joints aux autres inconvénients signalés, seraient de nature à

[8]) Cette hypothèse générale ne nous paraît pas certaine, comme on se plaît à la considérer généralement. A-t-on songé, en effet, à cette circonstance que l'on pourrait travailler toute l'année et sans interruption au grand souterrain, mais que les travaux en plein air et près du sommet du col devraient être suspendus pendant plusieurs mois de l'année ?!

éloigner tout trafic de marchandises des lignes suisses *grevées bientôt par une concurrence des lignes étrangères* et placées avec le système n° 2 dans des conditions d'exploitation ruineuses.

3° *Système mixte (C)* de la Compagnie du chemin de fer d'Italie. Si l'on suppose qu'un tracé, placé dans des conditions d'exploitation très difficiles, et doué d'un mouvement qui correspond, *aux tarifs ordinaires*, à une recette brute de 36,000 fr. par an et par kilomètre, si l'on suppose qu'un tel tracé exige une double voie de fer: [9]) alors le devis du projet de la ligne d'Italie, établi dans l'hypothèse d'une voie simple, serait en dessous de la réalité.

Pour comparer le tracé projeté par la Compagnie d'Italie avec celui comprenant un grand souterrain *à deux voies*, il faudrait donc augmenter le prix de revient du premier dans une proportion que nous admettrons comme celle entre le coût des chemins à double et à simple voie, dans les pays de plaine, comme 5 divisé par 3. [10]) Dès lors le chiffre de soixante-six millions deviendrait égal à

$$\frac{66{,}000{,}000 \text{ fr.} \times 5}{3} = 110 \textit{ millions environ,}$$

sans compter les intérêts des capitaux engagés pendant la construction.

En pareilles conditions, le tracé mixte différerait peu, comme nous le verrons dans la suite, du tracé à long souterrain, quant au coût d'établissement. Il partage, par contre, avec le système n° 2 (B) la majeure partie des inconvénients d'exploitation, son prix de revient hors ligne et la durée excessive du parcours entre les points extrêmes. Le mode obligé des rebroussements ou double rebroussements serait loin de faciliter le service et de réduire, en ce qui concerne le trafic, les inconvénients, les chances d'irrégularités et les dangers.

Développer ces traits généraux, les préciser par des chiffres aussi approximatifs que possible, peser les avantages et les inconvénients, après que nous aurons trouvé, autant que faire se pourra, pour les uns et les autres, un terme de comparaison commun; puis conclure définitivement en faveur d'un système: telle est la tâche que nous abordons maintenant.

[9]) C'est le chiffre adopté par les ingénieurs de la Compagnie d'Italie, MM. de Mondésir et Lehaitre. On a estimé même la recette kilométrique de la traversée du Simplon à 72,000 fr., mais en supposant des tarifs doubles aux tarifs ordinaires. Nous prouverons plus loin qu'il est littéralement impossible de satisfaire aux exigences d'un tel trafic avec une simple voie, placée dans les conditions que spécifie le rapport de la Compagnie d'Italie (voir 3e partie, Ir chapitre, § 4, coût de la construction).

[10]) Voir 3e partie, Ir chapitre, § 4, coût de la construction du tracé C.

TROISIÈME PARTIE

DISCUSSION DÉTAILLÉE

DES

TROIS SYSTÈMES

Nous avons déjà dit précédemment que nous nous appuierons, dans la discussion des trois grands systèmes en présence, sur les diverses considérations qui peuvent intervenir dans le choix du tracé d'une voie de fer. Nous commencerons par nous placer au point de vue, sans contredit, le plus important et le plus décisif, celui de l'*avenir économique d'une ligne traversant les Alpes.* Puis nous aborderons des éléments d'une autre nature, en passant en revue les influences *économo-politiques* et *commerciales* et les influences *politiques* et *militaires*, qui peuvent agir dans le sens de l'adoption d'un tracé ou d'un système, et dans le sens du rejet de l'autre.

CHAPITRE I.

Comparaison des trois systèmes pour le passage des Alpes au point de vue économique de l'entreprise chargée à ses risques et périls de la construction et de l'exploitation d'une ligne.

Trois éléments principaux constituent la base du système économique d'un chemin de fer:

§ 4. *le coût d'établissement ;*
§ 3. *le trafic ou la recette brute;*
§ 2. *les frais d'exploitation.*

Inversement à l'ordre de suite qui vient d'être établi ci-haut, nous commencerons notre examen par le troisième facteur, *par les frais d'exploitation*. On verra plus loin que l'enchaînement logique des arguments nous a conduit à adopter ce nouvel ordre de suite, qui ne correspond pas au déroulement chronologique d'une entreprise de chemin de fer.

Nous choisirons enfin (pour préciser la question et pour apporter dans la discussion des éléments aussi positifs que possible) *le passage du Simplon* comme base de nos appréciations. Les trois systèmes que nous avons développés, correspondront alors aux trois tracés dont la description va suivre:

§ 1. — Bases préliminaires du chapitre économique.

Description et longueur du tracé ou système A à long souterrain.

A. *Un premier tracé (système à grand souterrain)*, partirait de la station Glyss-Brigue, et de l'altitude de 731 mètres au-dessus du niveau de la mer, pour déboucher au fond de la vallée de la Divéria, près la frontière italienne (à Gondo), à la cote 705 mètres. Le trajet entre ces deux points extrêmes s'opèrerait par un souterrain, dont la longueur ne serait pas inférieure à 17 $^1/_2$ kilomètres, et qui serait percé suivant une ligne droite, passant en-dessous des glaciers de Kaltenwasser et de Alpien. Un puits de 250 mètres de profondeur pouvant être foré à deux kilomètres de la tête nord du souterrain (dans la vallée de la Saltine), il s'en suit que sa longueur du tunnel serait réduite à 15 $^1/_2$ kilomètres, quant à la distance des points d'attaque extrêmes. [11])

Ainsi les conditions de durée en tout cas ne seraient guère plus défavorables que pour le souterrain projeté au Saint-Gotthard, dont la longueur est de 15 $^1/_2$ kilomètres.

Depuis Gondo, le tracé se développerait d'abord sur les versants de la vallée de la Diveria, contournerait ensuite légèrement la vallée de la Cherasca, dans le but de réduire les inclinaisons à 20 ou 25 pour mille, puis suivrait de nouveau la vallée de la Divéria, par Varzo-Crevola, pour arriver au point limite Domo-d'Ossola.

La différence de niveau entre Gondo (705 mètres) et Domo-d'Ossola (altitude 278 mètres) étant de 427 mètres, il s'en suit qu'un tracé incliné à 25 pour mille exigerait, entre les points cités, un développement approximatif de 17 kilomètres. Nous porterons celui-ci à 18 $^1/_2$ kilomètres, afin de tenir compte des paliers des stations. La longueur totale entre Brigue et Domo-d'Ossola serait dès lors:

a) Entre Glyss-Brigue et Gondo en souterrain . , (à niveau sensiblement.)	17 $^1/_2$ kilom.
b) Entre Gondo et Domo d'Ossola, pente de 25 pour mille . . . . , ... , ...	18 $^1/_2$ kilom.
Total	36 kilom.

[11]) Un autre puits, profond de 500 mètres pourrait être percé encore sur le versant nord, à 4 $^1/_2$ kilomètres de la tête nord. De cette manière la distance entre les points d'attaque extrêmes serait réduite à 13 kilomètres environ, c'est-à-dire elle serait à peu près aussi forte que celle du Mont-Cenis.

B. *Un deuxième tracé, correspondant au système à fortes rampes et à courbes de faible rayon*, pourrait être défini de la manière suivante: Description et longueur du tracé ou système B à fortes rampes

Son développement absolument nécessaire, avec une rampe uniforme de cinq pour cent, serait donné par la somme des altitudes à franchir (dans un sens et dans l'autre) divisée par le coefficient d'inclinaison par mètre courant (0m·,05). Les altitudes à franchir sont:

a) De Glyss-Brigue (731m·) au sommet du col (2020m·)	1289m·
b) Depuis le sommet du col (2020m·) à Gondo (705m·)	1315 »
Total à franchir entre Brigue et Gondo . . .	2604m·
Divisant ce dernier chiffre par le coëfficient 0,05, on obtient une longueur de tracé entre Brigue et Gondo environ de	52 kilom.
A ce chiffre, il faut ajouter la longueur entre Gondo et Domo-d'Ossola, parcourue avec rampe de 25 ou 30 pour mille ou plus	18 »
Développement total entre Brigue-Glyss et Domo-d'Ossola [12])	70 kilom.

C. *Le troisième tracé, correspondant au système intermédiaire des rampes de 40 pour mille et des courbes de 200 à 300 mètres de rayon*, forme l'objet d'une étude relativement détaillée, celle des ingénieurs de la ligne d'Italie. Le projet de MM. Mondésir et Lehaître ayant reçu une grande publicité, étant officiellement déposé entre les mains de nos autorités cantonales et faisant l'objet d'un rapport imprimé, nous croyons pouvoir nous dispenser d'entrer dans les détails, que d'ailleurs nous ne pourrions pas donner pour les autres tracés. Nous renvoyons donc aux documents précités et aux renseignements généraux déjà fournis par nous, nous bornant à répéter ici que la longueur du tracé de la Compagnie d'Italie, entre Brigue et Domo-d'Ossola, est de 81 kilomètres. Description et longueur du tracé ou système C, intermédiaire.

Résumant les trois tracés ou systèmes, quant à la longueur de leur parcours, entre Brigue et Domo-d'Ossola, nous aurons: Résumé des longueurs des trois tracés.

A. *Tracé avec grand souterrain, longueur* . . , , .	36 kilom.
B. *Tracé à très fortes rampes (5 à 6 pour cent)* . . .	70 »
C. *Tracé intermédiaire avec rampes de 4 pour cent* . . .	81 »

C'est donc sur les trois tracés que nous venons de décrire que portera notre examen. Le § 2 traitant des *frais d'exploitation* nous préoccupera d'abord.

Avant que nous puissions en aborder les éléments, il est nécessaire que nous anticipions encore sur l'une des questions que nous sommes appelé à traiter plus loin; nous voulons parler du trafic probable des

[12]) Nous n'avons pas tenu compte dans cette estimation des paliers des stations. MM. Flachat et Thouvenot proposent par contre de porter l'inclinaison de la voie à six pour cent dans les parties en ligne droite, afin d'uniformiser le travail résistant du train. Par cette dernière mesure on gagnerait une longueur horizontale de cinq kilomètres environ, longueur qui paraît plus que suffisante pour les paliers des stations.

Notre estimation, quoique peu rigoureuse, correspond du reste sensiblement à celle de M. Thouvenot (50 kilomètres entre Brigue et Gondo) et à celle de M. Lehaître (72 kilomètres entre Brigue et Domo-d'Ossola), et aussi à celle de M. Flachat

lignes, qui forme la base de nos recherches sur les chiffres absolus des frais d'exploitation de chaque tracé.

Mouvement de voyageurs et de marchandises, auquel il faut s'attendre dans l'hypothèse d'une recette brute kilométrique de 36000 francs aux tarifs ordinaires.

Le rapport de la Compagnie d'Italie estime ce trafic comme équivalent à celui qui produirait aux tarifs ordinaires une recette brute de 36,000 fr. par kilomètre de ligne de *tout le parcours Thonon-Arona* (286 kilomètres). A cette condition, en appliquant à la traversée du Simplon les doubles tarifs, qui porteraient la recette brute kilométrique des 81 kilomètres de ce parcours à 72,000 fr.; en supposant une subvention sans intérêts et sans part aux bénéfices, de 44 millions; en admettant enfin *qu'un tracé comme celui de M. Lehaitre puisse être exploité, dans les conditions d'un trafic correspondant à 36,000 fr. de recette brute kilométrique, avec une simple voie,* que le coût du passage du Simplon ne soit pas augmenté par le fait contraire de 50 millions et qu'on n'ait point d'autres mécomptes quant au coût des travaux : la Compagnie d'Italie parvient à prouver la rentabilité de son tracé. Donc, si l'un des éléments avantageux que nous citons venait à manquer, l'entreprise patronnée par elle serait une manvaise affaire, à moins que la recette brute kilométrique, fut supérieure aux 36,000 francs portés sur le rapport.

Pour peu que l'on croie à l'avenir de nos passages alpins, on est donc en droit d'adopter *un instant* ce chiffre de 36,000 francs de recette brute kilomètrique, comme base du trafic supposé. En partant de cette donnée cherchons des analogies, et évaluons à quel mouvement de voyageurs et de marchandises il faudrait s'attendre dans l'exploitation de la traversée du Simplon.

Sur les lignes de transit françaises et allemandes produisant 36,000 francs de recette brute kilomètrique et au delà, le mouvement des marchandises est à celui des voyageurs comme 2 à 1,[13]) comme 24,000 francs à 12,000 francs. Ce mouvement des marchandises correspond à son

[13]) Sur les lignes françaises (statistique de 1854) le rapport entre la recette kilomètrique des marchandises et à celle des voyageurs a été (en moyenne pour tout le réseau) comme 24,356 fr. à 19,202 fr., soit comme 24 : 19, ou comme 4 : 3. En adoptant ce coëfficient pour une ligne du Simplon, il faudrait décomposer les 36,000 fr de recette brute totale en 20,000 fr. seulement pour les marchandises et en 16,000 fr. pour les voyageurs.

Mais le rapport serait très différent, si au lieu de prendre tout le réseau français, on prenait seulement les lignes de transit, catégorie dans laquelle il faut classer les lignes alpines; si enfin on défalquait da la recette brute totale, celle provenant des voyageurs à petit parcours, qui ne se présenteraient guère sur la ligne du Simplon.

La proportion penche aussi sur le réseau allemand, du côté des marchandises. De la statistique officielle de l'année 1861 (réseau de 17,800 kilomètres compris les lignes hongroises), nous extrayons les données suivantes:

La recette brute totale fut:

pour les voyageurs de	41,733,370 Thaler ou	156,500,000 fr.
pour les marchandises	85,965,251 » »	322,500,000 »
Total,	127,698,621 Thaler ou	479,000,000 fr.

On voit par là, que la recette moyenne de *toutes les lignes* est pour les marchandises *plus que le double* de celle des voyageurs.

Un chiffre plus concluant encore est donné *par une ligne alpine*, le Sœmmering, qui est l'aboutissant du port de mer Trieste, et que l'on pourrait assimiler, il nous semble au Simplon.

La recette brute kilométrique des lignes du Sœmmering et du sud d'Autriche fut

tour à un travail journalier, variant, selon les tarifs, de 650 tonnes-kilomètres à 1000 tonnes-kilomètres (et au-delà) de parcours par kilomètre de ligne. Ce qui revient à dire en d'autres termes que ce trafic équivaudrait à un travail qui consisterait à transporter d'un bout de la ligne à l'autre une quantité constante de poids, comprise entre les limites ci-mentionnées. Adoptons par prévoyance le chiffre de 650 [14]) tonnes seulement, et cela pour la traversée de la montagne, qui ne serait certes pas la partie la moins fréquentée de la ligne entière. Voyons quels seraient les moyens à employer pour satisfaire à un tel trafic, dans les trois hypothèses de système et de tracé que nous avons développées.

Sur une ligne placée en palier, comme le serait le tracé A, avec un long souterrain sur la moitié de son parcours, deux trains, soit un dans chaque sens, suffiraient pour transporter la charge totale de 650 tonnes. En effet, ce poids, réparti sur deux trains, représente pour chacun environ 325 tonnes, soit 32 wagons chargés de dix tonnes. On peut voir très souvent un convoi supérieur traîné par les locomotives du chemin de fer de l'Ouest-Suisse sur des rampes allant jusqu'à 1 centimètre par mètre. Mouvement probable des trains ou locomotives pour marchandises.

Mais entre la tête sud du souterrain projeté (Gondo) et la gare de Domo-d'Ossola, les rampes atteindraient l'inclinaison de 20 pour mille. Il serait indispensable, dès lors, d'effectuer cette partie du parcours avec double traction, c'est-à-dire à l'aide de deux machines. En somme, on peut estimer le parcours journalier des machines à marchandises sur la ligne Brigue-Domo-d'Ossola, tracé A, comme suit :

1° Trajet en souterrain Brigue-Gondo et retour, 2 fois 17,5 kilomètres	35 kilom.
2° Trajet Gondo-Domo-d'Ossola :	
En descendant	18 »
En montant, avec double traction, 2 fois 18 . . .	36 »
Parcours journalier, total des locomotives pour marchandise	89 kilom.

Soit 90 kilomètres en chiffres ronds.

en 1861 de 44,400 fr., dont 11,500 fr. pour les voyageurs et 32,900 fr. pour les marchandises. Le rapport serait comme 1 à 3.

On voit par là que le rapport de 1 : 2 adopté par nous n'a rien d'anormal et serait plutôt dépassé dans le sens d'une augmentation du mouvement des marchandises.

[14]) Le tarif moyen, par tonne kilomètre, fut, pour tout le réseau français exploité en 1854 de 7 $^{6}/_{10}$ centimes, et varia entre les limites de 6,5 et de 17 centimes. Ce dernier chiffre exceptionnel, se rapporte au chemin de ceinture à Paris.

Sur les lignes allemandes le tarif moyen par tonne kilomètre (1861) fut pour un réseau de 17,800 kilomètres de neuf centimes environ et varia entre $6._8$ et 24 centimes.

Si l'on prend pour base la moyenne des chemins français, on arrive à ce résultat que 24,000 fr. de recettes exigeront au taux de $7._6$ centimes un parcours annuel de $\frac{24{,}000 \text{ fr.}}{0 \text{ fr. } 0{,}76} = 31{,}579$ tonnes par kilomètre de ligne. Par jour ce chiffre serait de $\frac{31{,}579}{365} = 865$ tonnes parcourant la ligne entère. Ce chiffre est, on le voit, bien supérieur à celui que nous avons adopté pour base de nos calculs (650 tonnes).

Quel serait maintenant, pour le même trafic, le nombre de trains à marchandises, dans l'hypothèse des tracés ou systèmes mentionnés sous B et sous C.

La locomotive de M. Thouvenot est calculée, *de même que celle de M. Petiet,* sur un convoi de 150 tonnes de poids brut, ce dernier composé de 10 wagons (pesant environ 5 tonnes chacun) et de 100 tonnes de chargement utile. (La grande différence de force des deux locomotives est exprimée par le rapport des rampes, car la première est destinée à franchir, avec la charge indiquée, des rampes de 5 à 6 pour cent, tandis que la seconde gravirait, avec la même charge, des inclinaisons de 40 pour mille seulement.)

On peut donc assimiler les deux systèmes ou tracés au point de vue du mouvement de matériel qu'ils exigeraient, chacun. Nous avons dit que chaque convoi pourrait remorquer 100 tonnes de charge utile. Mais dans la pratique il ne faut jamais compter sur un chargement complet des wagons, jusqu'à la limite de leur tare. Les tableaux statistiques prouvent, au contraire, que la marchandise réellement transportée est à peine la moitié, comme tonnage, de celle que le matériel remorqué aurait pu contenir. [15]) En supposant pour le passage du Simplon une organisation modèle, un mouvement régulier et peu de wagons vides en retour, nous croyons faire encore largement le compte, en estimant le chargement réel des véhicules égal aux quatre cinquièmes du chargement théorique, en d'autres termes en évaluant la marchandise transportée par un train à 80 tonnes au lieu de 100 que les wagons pourrait transporter, en vertu de leur force et contenance.

Dès lors, pour obtenir le nombre journalier de trains exigé par les tracés B et C, il faudra diviser la marchandise à transporter journellement (650 tonnes) par le tonnage moyen d'un train (80 tonnes). On obtiendra de cette manière le nombre minimum de trains à marchandises par jour égal à 8 trains.

Le parcours journalier à effectuer par les locomotives à marchandises, entre Brigue et Domo-d'Ossola, serait:

Pour le tracé B:

8 trains à 70 kilomètres . . . . 560 kilom.

Pour le tracé C:

8 trains à 81 kilomètres . . . . 648 »

Mouvement probable des trains ou des locomotives pour voyageurs.

Voilà pour ce qui concerne les trains à marchandises. Quant aux trains à voyageurs, nous croyons pouvoir les estimer, sans exagération, et pour chacun des trois tracés, à cinq dans chaque sens, soit à dix trains journaliers en tout. [16]) Le parcours à effectuer par les trains à voyageurs serait donné comme suit:

[15]) Tandis que le chargement théorique d'un wagon est de 10 tonnes en moyenne, le chargement réel, fut en 1854, sur le réseau français de $2._8$ tonnes seulement en moyenne, soit à peine le tiers.

[16]) Le nombre journalier de dix trains à voyageurs, pourrait paraître un peu fort. Mais puisque d'un autre côté nous sommes resté passablement au-dessous de la vérité quant au mouvement des marchandises il est permis de prévoir, que tous les trains transportant les voyageurs seront mixtes, afin de transporter un surplus journalier de marchandises, de 250 à 300 tonnes au-delà du chiffre de

Tracé A, 10 trains à 36 kilomètres . . . . 360 } 450 kilom.
Double traction, 5 trains montants à 18 kilom. 90 }
Tracé B, 10 trains à 70 kilomètres . . . . 700 »
Tracé C, 10 trains à 81 kilomètres . . . . 810 »

Résumant les chiffres développés ci-haut pour les marchandises et les voyageurs, on a :

DÉSIGNATIONS DES TRACÉS	PARCOURS KILOMÉTRIQUES JOURNALIERS DES LOCOMOTIVES		
	Voyageurs	Marchandises	Total
A. Tracé à long souterrain . . .	450	90	540
B. Tracé avec rampes de 5 à 6 pour cent	700	560	1260
C. Tracé avec rampes de 4 pour cent	810	648	1458

Récapitulation du mouvement journalier des trains à voyageurs et à marchandises.

Et maintenant, que les préliminaires de notre évaluation des frais d'exploitation sont posés, abordons ceux-ci dans leurs quatre éléments principaux :

a. *La traction;* b. *l'entretien du matériel;* c. *l'entretien et la surveillance de la voie, et* d. *le personnel du trafic.*

§ 2. — Frais d'Exploitation.

a. *Traction.*

(Alimentation, combustion, conduite, graissage et réparation des locomotives et tenders.)

Les frais qui entrent dans cette rubrique importante se calculent en raison directe du parcours kilométrique effectué par les locomotives et de l'effort exercé par celle-ci.

Nous avons déjà établi les parcours journaliers qu'exigerait chacun des trois tracés ou systèmes A, B et C. Examinons maintenant quel serait pour chaque tracé le coût de la traction *par kilomètre parcouru.*

Le tracé A ne sortant en rien des conditions des lignes comme celles de l'Ouest-Suisse ou d'Italie (car la double traction est comptée pour le parcours des trains montants de Domo-d'Ossola à Gondo), on peut prendre pour base un prix de revient comme celui du chemin de fer de l'Ouest-Suisse.

On a :

650 tonnes adopté par nous. Cette considération peut motiver le nombre des trains supposé par nous et le prix de traction par kilomètre parcouru, *appliqué uniformément aux trains à voyageurs et à marchandises.* Dans notre hypothèse d'une recette brute kilométrique de 12,000 fr. par an, le mouvement de voyageurs supposé pour le Simplon égalerait sensiblement celui du chemin de fer de l'Ouest-Suisse.

Coût kilométrique de la traction sur le tracé A à long souterrain.

1° Personnel	francs	0 19
2° Combustible	»	0 30
3° Graissage	»	0 02
4° Entretien et réparation	»	0 16
Total par kilomètre parcouru	francs	0 67

Pour tenir compte du surplus du coût du combustible, rendu au pied du Simplon, et d'autres facteurs, nous porterons le chiffre ci-mentionné à 80 centimes. Ce dernier chiffre est celui qui résulte de l'exploitation du Central Suisse, en 1861, compris les nombreux trains à marchandises de cette ligne et la double traction sur le parcours du Hauenstein. Il se base sur une *consommation moyenne de 9 à 10 kilogrammes de houille par kilomètre parcouru.*

Coût kilométrique de la traction sur le tracé B avec rampes de 5 à 6 pour cent. Locomotive Thouvenot.

Pour le tracé ou système B *la consommation de combustible* serait toute autre. M. Thouvenot l'estime, pour son système à 100 kilogrammes de houille à la montée, en prenant, il est vrai, dans ses évaluations des chiffres aussi larges que ceux de M. Gouin, pour la machine Petiet, sont parcimonieux, pour ne pas dire inexacts.

A la descente, la combustion ne peut pas être estimée à moins de 10 kilogrammes par kilomètre parcouru; car bien que l'effort à développer par la vapeur soit alors presque nul et destiné uniquement à modérer la vitesse du train, il paraît impossible d'autre part, de limiter indéfiniment la consommation d'une machine appropriée à un grand développement de force. On peut donc évaluer à

$$\frac{100 + 10}{2} = 55 \text{ kilogrammes}$$

la consommation kilométrique moyenne de la machine de M. Thouvenot. Si l'on estime le prix du kilogramme de houille rendue au pied du Simplon à 5 centimes et demi,[17]) *la consommation moyenne de 55 kilogrammes* équivaudra à un coût kilométrique de *trois francs.*

Quant au personnel, il ne pourrait faire, à la vitesse adoptée de vingt kilomètres à l'heure, que la moitié du parcours qu'il fait sur les chemins, dont la vitesse est de 40 à 50 kilomètres. En admettant un même temps journalier de service, dans l'un et l'autre cas, le coût du personnel par kilomètre parcouru serait donc doublé par ce seul fait, et il serait quadruplé puisque, en outre, la locomotive de M. Thouvenot doit être

[17]) Ce prix se base sur les données actuelles et sur le fait qu'on devra employer dans une traction comme celle du Simplon (tracés B et C), des combustibles de première qualité. Ces derniers, pris dans les houillres de St-Etienne, coûtent, depuis la dernière réduction des tarifs du Paris-Lyon-Méditerranné (1er janvier 1861), 35 fr. la tonne en gare à Genève. De là à Brigue, c'est-à-dire au pied du Simplon, la distance est de 200 kilomètres environ et produirait au taux limite de 5 centimes par tonne kilomètre une augmentation de dix francs dans le coût de la tonne, lequel deviendrait alors de 45 francs. Mais une grande partie du charbon devrait être approvisionnée de l'autre côté du Simplon et faire un nouveau parcours de 70 à 80 kilomètres correspondant à 150—160 kilomètres, à cause des tarifs et des prix de traction plus élevés. On comprend dès lors, que le chiffre de 5 ½ centimes le kilog. ou de 55 francs la tonne n'est pas trop élevé; surtout si l'on tient compte des frais de manutention et autres. Ce chiffre est du reste peu supérieur à celui des chemins du Sud d'Autriche (partie en Italie et dans le Tyrol).

desservie par deux mécaniciens et par deux chauffeurs. [18]) Au lieu de dix-neuf centimes par kilomètre (Ouest-Suisse), il conviendrait donc de porter un chiffre quatre fois plus fort, celui de *quatre-vingt centimes*, pour les frais de personnel par kilomètre parcouru avec la locomotive de M. Thouvenot.

Cette locomotive étant, pour le moins, double d'une locomotive ordinaire, comme poids et comme nombre des organes à graisser et à réparer, [19]) nous croyons rester en dessous de la vérité en doublant les prix de revient du graissage et des réparations par kilomètre parcouru, et en portant au lieu de 2 et demi et de 16 centimes les chiffres de *cinq* et *trente-deux* centimes.

Pour tenir compte de l'amortissement d'un capital plus fort et des frais exceptionnels pour l'alimentation, nous ajouterons par kilomètre parcouru le chiffre minime de trente-trois centimes.

L'addition des divers chiffres développés donne, pour le prix de revient kilométrique de la traction, avec la machine Thouvenot, le résultat suivant:

1° Personnel	francs	0 80
2° Combustible	»	3 00
3° Graissage	»	0 05
4° Réparations	»	0 32
5° Alimentation, amortissement	»	0 33
Total	francs	4. 50

Soit *quatre francs cinquante centimes.*

Il est facile à voir que la locomotive de M. Petiet, (destinée à l'exploitation du tracé C, Lehaître) composée aussi de deux machines presque séparées, ne doit guère différer de l'estimation précédente en ce qui concerne les frais de graissage, de réparation et d'alimentation. On peut donc porter pour ces articles les mêmes chiffres que ceux développés pour la machine de M. Thouvenot.

Coût kilométrique de la traction avec le système C. (Rampes de 40 pour mille; locomotive Petiet-Gouin.)

Nous admettrons un instant que la conduite de la machine Petiet puisse se faire par un *seul mécanicien et par un seul chauffeur*. Il faudrait encore doubler, dans ce cas, le chiffre des frais de personnel sur les lignes placées dans les conditions ordinaires, cela à cause de la vitesse moindre, réduite de plus de moitié. Nous porterons donc pour cet article le chiffre de quarante centimes au lieu de dix-neuf centimes (Ouest-Suisse, 1861).

Le rapport de la ligne d'Italie est fort modeste en ce qui concerne la combustion kilométrique attribuée à la locomotive de M. Petiet, sur les rampes à 40 pour mille d'inclinaison. Il mentionne, en passant, *et sans calcul préalable,* le chiffre de 18 à 22 kilogrammes par kilomètre

[18]) M. Thouvenot supposait même 4 chauffeurs pour sa machine.

[19]) En effet on peut assimiler la machine de M. Thouvenot à deux locomotives ordinaires, douées chacune de tous les organes d'une machine indépendante et réunies par la chaudière seulement. Outre cela l'organisme serait plus compliqué d'entretien, à cause de l'articulation indispensable des tuyaux de prise de vapeur, d'alimentation et d'échappement, et à cause du pivotement de la chaudière sur les deux systèmes de truks.

parcouru. *C'est à peu près ce que le chemin de fer du Jura-Industriel consomme avec un tracé dont les deux tiers du parcours présentent des rampes de 25 à 27 pour mille seulement, avec des convois dont la charge est réduite à moins que la moitié de celle que doit trainer la machine Pétiet.* On peut donc qualifier le chiffre donné par le rapport de la ligne d'Italie comme étant peu sérieux et entaché d'une très grande exagération optimiste. [20]) Ne pouvant entrer ici dans les détails de la question, mais *nous faisant fort de prouver*, lorsqu'on le demandera, aussi bien par les règles théoriques que par des nombreuses expériences pratiques. la justesse de notre assertion, nous porterons la consommation kilométrique d'une locomotive Petiet, agissant à pleine force à la montée, c'est-à-dire exerçant un effort de 10,000 kilogrammes à la circonférence des roues, nous estimerons cette consommation à 65 kilogrammes à la montée. La consommation à la descente serait de 7 à 9 kilogrammes. La consommation moyenne pourrait donc être estimée à 35 kilogrammes au minimum au lieu de 22 kilogrammes que suppose le rapport de la Compagnie. [21]) Ce dernier chiffre représente au taux

[20]) Nous devons insister sur ce point, parceque les autres calculs et déductions, données dans le rapport de la Compagnie d'Italie, quant à la locomotive Petiet-Gouin, *paraissent* en général faits avec un certain soin, mais sont en réalité arrangés pour la circonstance et basées à cause de cela *sur des données premières complétement erronées.*

Une refutation très catégorique à ce sujet à déjà été publiée par M. le chevalier Biglia, Ingénieur en chef de la traction, aux lignes italiennes. Cet Ingénieur a prouvé avec beaucoup de talent, que la comparaison, faite par M. Gouin, sur l'effet utile des fortes locomotives pèche par la base, puisqu'elle part de coëfficients inexacts, en ce qui concerne le pouvoir adhérent adopté comme point de départ des calculs pour la force de la machine Petiet. M. Biglia a fait ressortir en outre que les expériences faites sur la petite rampe de St-Gobain, sont précisément la confirmation la plus éclatante des erreurs de M. Gouin, car tandis que les calculs supposent un pouvoir adhérent égal au sixième du poids de la locomotive, le pouvoir adhérent qui fonctionna pendant l'expérience (entreprise certainement dans les conditions de température les plus favorables) ne fût que de $1/8$ environ.

Nous ne pouvons entrer dans les détails de la refutation de l'ingénieur italien, ni relever toutes les erreurs du rapport de la Compagnie d'Italie. Qu'il nous soit permis de relever encore un coëfficient adopté dans ce rapport et exagéré dans le sens favorable à la force utile de la machine Petiet. Le travail resistant dû au mécanisme moteur et aux frottements de glissement et de roulement, est estimé à 8 kilogrammes seulement par tonne du poids de la machine. M. Thouvenot estime le même coëfficient à 15 kilog. par tonne. M. Perdonnet donne 11 kilog. pour une machine à voyageurs marchant dans des conditions d'entretien et de graissage aussi parfaites qu'on peut l'exiger pour une expérience. Mais il faut observer que ces conditions ne se présentent pas normalement; d'autre part, si le poids des machines puissantes augmente, elles présentent aussi un plus fort travail résistant parce que pour marcher économiquement, elles doivent tirer un grand parti de la détente, et que dès lors la différence des pressions sur chaque face des tiroirs augmente et donne lieu à un grand frottement et travail resistant des tiroirs, non-équilibrés. Les pompes d'alimentation absorberont aussi une grande force. Dans ces conditions le coëfficient adopté par M. Thouvenot paraît d'autant plus consciencieux et véridique, qu'il est confirmé, par plusieurs données d'expériences faites sur les chemins de fer allemands.

[21]) Bien quil ne soit pas chose facile de rendre intelligible pour tous nos lecteurs une question spéciale, comme celle de la combustion dans les foyers des locomotives, nous essayerons toutefois de fournir quelques données élémentaires,

mentionné de 5 centimes et demi le kilogramme de houille, un coût kilométrique de un franc nonante centimes pour le combustible.

Cela dit, on peut poser comme suit le coût kilométrique total de la traction sur un tracé comme celui de M. Lehaître (C).

1° Personnel	francs	0 40
2° Combustible	»	1 90
3° Graissage	»	0 05
4° Réparations	»	0 32
5° Alimentation, amortissement	»	0 33
Total	francs	3 00

Résumé du coût total de la traction sur les trois tracés A, B et C.

Il sera facile maintenant de donner des chiffres pour les frais journaliers de *traction* avec un trafic correspondant à 36,000 francs de recette brute sur chacun des trois tracés, A, B et C, entre Brigue et Domo-d'Ossola.

Sur le tracé A les locomotives auraient à faire un parcours journalier de 540 kilomètres, lequel, multiplié par le prix de revient kilomé-

formant les bases de nos appréciations. Il nous repugnerait de présenter une seule indication non-argumentée.

Admettons un instant une locomotive ou une machine en général, marchant à pleine pression, c'est-à-dire sans détente et supposons en outre que la chaleur théorique, réalisable (dans un laboratoire ou cabinet d'expérience) avec une quantité et qualité donnée d'essence combustible ne subisse dans le cas particulier aucune perte, qu'une partie ne passe pas par les grilles du foyer ou par la cheminée, en un mot que cette chaleur soit utilisée entièrement à la formation de vapeur et à l'échauffement préalable de l'eau. Supposons enfin que la vapeur ainsi formée ne refroidisse et détente pas en se rendant depuis le générateur aux cylindres, et négligeons également les frottements pendant ce parcours.

Dans les conditions ainsi developpées, le travail théorique, produit par une unité de chaleur ou calorie, serait variable, avec les tensions que l'on adopterait dans la chaudière, mais on pourrait facilement déterminer les valeurs successives de ce travail élémentaire, dans chaque hypothèse de pression, en se servant, d'une part des belles expériences de MM. Gay-Lussac, Arago, Dulong et Regnault, sur les températures de la vapeur, sa chaleur latente et son poids, sous différentes pressions, en partant d'autre part de ce principe fort simple : que le travail dynamique d'un volume de vapeur, agissant à constante pression. est toujours donné en multipliant la surface-base d'un prisme de même volume, par le coëfficient de pression reduit en poids et par la hauteur du prisme, exprimée à l'aide de la mesure linéaire qui sert pour la comparaison.

Ainsi pour déterminer le travail d'un mètre cube de vapeur agissant à pleine et constante pression et sous une tension effective de six atmosphères, nous pouvons nous imaginer, ou un prisme formant un cube d'un mètre de côté, ou un prisme allongé d'un décimètre carré de surface-base et de cent mètres de longueur. Dans le premier cas, la surface de la base sera de 10,000 centimètres carrés, la pression par centimètres carré pour 6 athmospères de 6 × 1,03253 kilogrammes = 6 k. 19520, la pression totale pour la surface-base du prisme de 61952 kilogrammes. La hauteur du prisme étant dans le premier cas d'un mètre le travail en kilogrammètres serait de 61952 kilog^s^ × 1 mètr = 61952 kilogrammètres. Dans la deuxième hypothèse la surface de la base serait de 100 centimètres carrés seulement, la pression à cette surface base de 100 × 6 k. 19520 = 619 kilog. 52, mais le chemin engendré devenant alors de cent mètres, le travail dynamique produit serait de 619 kilog. 52 × 100 mètres = 61952 kilogrammètres comme ci-haut.

Il est aisé de voir qu'en partant de ce principe élémentaire et des données qui résultent des expériences des savants ci-mentionnés, on peut dresser un tableau

trique de 80 centimes correspond à une dépense journalière de francs 432

Sur le tracé B le parcours journalier serait de 1260 kilomètres, le prix d'unité pour le parcours kilométrique de 4 fr. 50, la dépense journalière de . . . . . . » 5670

Sur le tracé C le parcours journalier serait de 1458 kilomètres, le prix d'unité de 3 francs et la dépense journalière de . . . . » 4374

Ces chiffres correspondent à la dépense annuelle suivante pour la *traction:*

Tracé A: 365 jours à 432 francs	. . . .	157,680
Tracé B; 365 » à 5670 »	. . . .	2,069,550
Tracé C: 365 » à 4374 »	. . . .	1,596,510

b. *Entretien du matériel.*

Prix unitaires par wagon kilomètre de parcours. Systèmes A, B et C.

Les frais pour l'entretien des wagons sont évalués, en général, par véhicule, ou par essieu, et par kilomètre parcouru. Le prix d'entretien et de graissage d'un véhicule à quatre roues est, sur le chemin de fer

donnant dans les diverses hypothèses de tensions, l'effet théorique d'une calorie en kilogrammètres. Nous avons entrepris ce travail, lorsque, il y a 15 mois nous nous occupions de recherches sur l'effet utile des combustibles dans les locomotives. Il résulte de notre tableau, dressé en vertu des premisses que nous venons de poser qu'une calorie peut produire par exemple $25._{942}$ kilogrammètres lorsque la vapeur agit à une pression effective de 5 atmosphères et de $28._{641}$ kilogrammètres lorsque la tension de la vapeur est de 8 atmosphères effectives. Cette dernière tension serait celle que comporterait normalement la machine Gouin-Petiet.

Connaissant le travail dynamique à dévolopper avec la locomotive Gouin-Petiet, par kilomètre parcouru = 10,000,000 kilogrammètres (soit 10,000 kilog^s d'effort résistant totalisé, pris aux circonférences des roues, multipliés par 1000 mètres de chemin à parcourir), il suffirait de diviser ce chiffre de 10,000,000 par celui de 28 kgm. 641 pour obtenir le nombre des calories nécessaires par kilomètre parcouru et de diviser le quotient ainsi obtenu par 7500 (nombre moyen de calories contenus dans un kilogramme de houille de meilleure qualité). On arriverait de cette manière aux chiffres de 341,950 calories et de 46,5 kilog. de houille. Ce dernier chiffre est censé représenter la consommation de combustible de la machine Petiet à la montée.

Mais notre déduction repose sur une prémisse que nous avons exposée avant d'entrer en matière, mais qui ne repond pas en entier à la pratique des choses. Car d'un côté les locomotives subissent toujours une grande perte de la chaleur produite par la combustion et aussi de la tension de la vapeur avant que celle-ci arrive dans les cylindres; d'autre part, le travail développé par un volume de vapeur, agissant à pleine et constante pression, est très inférieur à celui que l'on peut obtenir en tirant parti de la détente. Ainsi lorsque la détente agit sur les $^9/_{10}$ de la course des pistons, le travail du volume engendré est à celui que produirait la même quantité de vapeur, en agissant seulement à pleine pression ou à la pression initiale, supposée dans l'autre cas, comme $3._{305}$ est à 1. Ce cas est exceptionnel.

Le parti que l'on peut tirer de la détente, varie constamment avec les lieux, avec le temps et avec d'autres circonstances, en raison du profil de la ligne à parcourir, du type de la machine-locomotive, de la charge du convoi et de l'état atmosphérique, c'est-à-dire de son influence sur l'état plus ou moins glissant de la voie. Il paraît donc impossible de fixer à ce sujet des bases précises qui puissent servir d'élément pour un calcul rigoureux. La même incertitude existe quand au problème de la déperdition de chaleur. M. Perdonnet admet dans son traité sur les chemins de fer que la perte de chaleur dans les locomotives est égale à la

de l'Ouest-Suisse, de un centime environ par kilomètre parcouru. Mais sur un chemin de fer avec rampes de 30 à 60 pour mille, marchant à freins serrés sur la moitié du parcours, les frais doivent être bien plus forts.

Nous pensons que l'on pourra doubler, sans exagération, le chiffre de un centime par wagon, pour le parcours qui s'opérerait à la descente et les freins serrés. Dès lors le chiffre moyen par wagon et par kilomètre parcouru serait de 1 $^1/_2$ centime pour les tracés B et C dont la moitié du parcours se ferait à la descente et de 1 $^1/_4$ centime pour le tracé A, en tenant compte, de la partie en rampe entre Gondo et Domo-d'Ossola, pour ce dernier tracé, dont le quart du parcours total seulement s'opérerait avec les freins serrés.

La circulation journalière peut être estimée de la manière suivante:

Parcours des wagons avec le système A et coût total de l'entretien des wagons.

Tracé A: 10 trains à voyageurs à 6 wagons . . .	60 wagons
2 trains aux marchandises à 40 wagons	80 »
Total journalier,	140 wagons

parcourant chacun 36 kilomètres; parcours total journalier, 5040 kilomètres; dépense journalière, 5040 kilomètres à 1 $^1/_4$ centimes soit 63 francs, et dépense annuelle, 365 jours à 63 francs, 22995 francs.

moitié de la chaleur théorique, que le combustible dépensé peut fournir. Cette donnée pouvait être juste, il y a une dizaine d'années. Aujourd'hui et après les derniers perfectionnements des locomotives, elle paraît trop défavorable, surtout pour les machines de fort calibre.

Heureusement nous disposons sous ce rapport d'éléments assez récents et assez détaillés, que nous communiquerons avec plaisir aux Ingénieurs qui nous en feraient la demande. Au commencement de 1863, nous nous livrâmes à des recherches, sur des résultats pratiques obtenus en 1862 dans l'exploitation des chemins de fer suisses. Pour une grande partie des lignes nous calculions, en partant de coëfficients d'expériences et de données précises sur le mouvement du matériel et de son chargement, le travail dynamique développé sur rails. Nous comparions ce travail avec la dépense de combustible, moyennant laquelle il fût obtenu. Partant de ces données nous arrivâmes à la conclusion : que malgré l'action favorable de la détente, l'effet produit par un kilogramme de combustible (presque exclusivement houilles et agglomerés de St-Etienne, et Ruhr et Sarrebrouk) fut comme si le kilogramme eut fourni de 5200 à 6400 calories, dans l'hypothèse que nous avons adoptée au commencement de cette note, c'est-à-dire en assimilant la production de travail par la chaleur à l'effet théorique qui est obtenu lorsqu'on fait abstraction de la perte de chaleur et de tension de même que de la détente.

Le maximum d'effet utile a été obtenu sur le chemin de fer du Jura Industriel. Ce chemin est disposé favorablement à ce sujet. Il présente des rampes très fortes et très regulières sur les $^2/_3$ de son parcours, ainsi une rampe de 25 à 27 pour mille sur 22 kilomètres consécutifs (Neuchâtel-Convers). Prenons cet exemple pour fixer les idées.

En 1862 le travail dynamique développé sur rails a été calculé par nous (à l'aide d'une série d'opérations de détail, selon les coëfficients de résistance différents des locomotives et des wagons, les variations du profil de la ligne et des chargements) en chiffres ronds 247,000,000,000 de kilogrammètres. Le combustible brûlé, pendant l'année, pour produire cet effet, représente théoriquement la capacité calorique qui suit:

Houilles	1,263,500 kilogrammes	à	7,500 calories	9,476,250,000 calories.
Agglomerés	27,800 »	à	7,500 »	208,500,000 »
Bois de sapin	190 mètres cubes	à	1,400,000 »	266,000,000 »
			Total . . .	9,950,750,000 calories.

Soit en chiffres ronds 10,000,000,000 de calories.

La vapeur agissant à 8 atmosphères effectives (tension adoptée) devant pro-

Parcours des wagons, Système B, coût total de l'entretien des wagons.

Tracé B : 10 trains à voyageurs à 6 wagons chaque . 60 wagons
8 trains à marchandises à 10 wagons chaque . . . 80 »
Total, 140 wagons

faisant un parcours journalier de 140 fois 70 kilomètres, soit 9800 wagons-kilomètres. La dépense journalière serait de 9800 wagons kilomètres à 1 $^1/_2$ centimes, soit 147 francs, et la dépense annuelle, 365 jours à 147 francs, 53655 francs.

Parcours des wagons, Système C, coût total de l'entretien des wagons.

Tracé C : comme B; 140 wagons faisant un parcours journalier de 140 fois 81 kilomètres, soit 11340 wagons kilomètres. La dépense journalière serait de 11340 wagons-kilomètres à 1 $^1/_2$ centimes, soit 170 francs, et la dépense annuelle, 365 jours à 170 francs environ, 62050 francs.

Récapitulation :

Resumé du coût annuel de l'entretien du matériel sur les trois tracés.

Tracé A : dépense annuelle	. . . .	22995 francs
Tracé B : » »	. . . .	53655 »
Tracé C : » »	. . . .	62050 »

duire (en négligeant la perte de chaleur et de tension et le gain de travail par la détente) 28 $^{\text{kgm.}}$ 641 par calorie : la dépense ci-dessus aurait dû fournir dans les hypothèses mentionnées

= 10,000,000,000 calories × 28 $^{\text{kgm.}}$ 641 = 286,410,000,000 kilogrammètres.
Elle n'a fourni en réalité que . . . . . 247,000,000,000 »

L'effet utile est donc de $\frac{247}{286} = 0.8636$.

Si nous appliquons ce coëfficient *excessivement favorable* (sur d'autres lignes, il serait de 0.70 seulement) à la machine Petiet-Gouin, nous trouvons que le chiffre théorique développé de 46.5 kilog^{s} de houille dépensés à la montée, devrait être augmenté et porté à $\frac{46^{\text{k.}}5}{0.8636}$ = 54 kilogrammes environ. La combustion moyenne à la descente étant de 8 à 10 kilogrammes, on obtient une combustion générale moyenne de $\frac{54 + 10^{\text{k.}}}{2}$ = 32 kilogrammes par kilomètre. Cette quantité peut être portée sans crainte à 35 kilogrammes, si l'on tient compte des obstacles climatériques et autres.

Nous aurions pu arriver à un coëfficient de réduction bien plus défavorable à la machine Petiet-Gouin, si nous avions voulu combattre le rapport de M. Gouin (voir rapport Mondésir-Lehaître) par ses propres armes, en adoptant, dans l'évaluation du travail dynamique effectué en 1862 sur le chemins de fer du Jura Industriel, les coëfficients de résistances si faibles, que cet ingénieur donne pour le travail passif de sa locomotive (8 kilog^{s} par tonne seulement au lieu de 12 que nous avons supposés et de 15 que suppose M. Thouvenot). Dans ce cas, le rapport $\frac{247}{286}$ serait devenu = $\frac{230}{286}$ = 0.804 environ et la combustion à la montée de la locomotive Gouin-Petiet aurait été portée à $\frac{46^{\text{k.}}5}{0.804}$ = 58 kilogrammes par kilomètre parcouru.

Nous n'avons pas voulu agir de cette façon, mais rester en tous points sur le terrain des données sérieuses. Nous ajoutons ici que les recherches faites sur la traction du Jura Industriel sont pour nous d'autant plus concluantes qu'elles se trouvent confirmées par des calculs analogues que nous avons faits sur d'autres lignes et qu'il serait trop long de citer. C'est ici la place de remercier plusieurs ingénieurs et administrateurs des lignes suisses de la bienveillante obligeance avec laquelle ils ont mis des renseignements précieux à notre disposition.

c. *Entretien et surveillance de la voie.*

Sur les lignes du chemin de fer de l'Ouest-Suisse, l'entretien et la surveillance de la voie coûtent, par kilomètre de ligne et par an, un peu plus de deux mille francs. Ce chiffre paraît fort. Sur les chemins de fer de l'Union-Suisse il est réduit à 1300 francs environ, avec un trafic peu important, il est vrai. Prenons la moyenne entre les deux indications et fixons pour le tracé inférieur à long souterrain (A) le coût kilométrique annuel à 1700 francs. Ce tracé ne sort pas, en effet, des conditions ordinaires, sinon par un faible surplus de coût dans le gardiennage du souterrain, compensé par un entretien plus facile de la voie, placée sur un solide fond de roche granitique.

Coût kilométrique de l'entretien et de la surveillance de la voie sur les tracés A, B et C.

Les frais d'entretien seraient bien plus forts sur les tracés B et C. A ne mentionner que le déblaiement des neiges, dont la hauteur qui tombe *sans interruption* varie de trente centimètres à un mètre et demi; l'usure plus rapide des rails, sous l'action des machines lourdes et des freins serrés; le ravinement des eaux torrentielles provoqué par la fonte des neiges et les fortes pluies d'orage, on comprendra que les tracés B et C sortent tout à fait des conditions ordinaires quant au coût de l'entretien de la voie de fer, de la chaussée et des accotements.

L'évaluation numérique de l'incontestable surplus de dépense nous fait éprouver un peu d'embarras, nous l'avouons. Aucune donnée précise et concluante n'est, sous ce rapport, à notre disposition. Toutefois nous essaierons de porter un chiffre, qui cessera de paraître excessif, si l'on consulte les données sur le coût de quelques travaux de déblaiement de neiges sur les chemins de fer de « l'Est-Français », « badois » et du « Fichtelgebirge » en Bavière. Nous porterons pour le tracé B le surplus du coût annuel de l'entretien à mille francs par kilomètre de ligne, et pour le tracé C à 500 francs. [22])

Quant à la surveillance de la voie (gardiennage), nous en assimilerons les conditions à celles des chemins de plaine.

Le coût annuel de l'entretien et de la surveillance de la voie serait donné par les chiffres suivants :

Tracé A : 36 kilom.	à 1700	francs par an et kilom.	francs	61,200	Coût total de l'entretien et de la surveillance de la voie sur les tracés A, B et C.
Tracé B : 70 »	à 2700	» » » » »	»	189,000	
Tracé C : 81 »	à 2200	» » » » »	»	178,200	

d. *Personnel du mouvement et du trafic.*

Les dépenses qui entrent dans cette dernière catégorie sont encore notablement plus fortes sur les tracés B et C que sur celui mentionné sous A.

Sur ce dernier tracé on ferait en moins d'une heure le parcours Brigue Domo-d'Ossola, lequel, sur les lignes à pentes fortes, exigerait plus de 4 heures de temps, si l'on ne tient pas compte des obstacles qui pour-

[22]) Cette évaluation paraît d'autant plus modérée que les tracés B et C exigeraient (nous le prouverons plus loin, § 4, coût de la construction, tracé C, pages 39, 40 et 41) des trains de nuit pour satisfaire au trafic supposé correspondant à 36,000 francs de recette brute par kilomètre. Il faudrait donc gardiennaga de nuit pour ces tracés. Nous n'avons pas tenu compte de ce facteur dans notre estimation de la dépense d'entretien de la voie.

raient résulter de la mauvaise saison, du mauvais temps et de l'encombrement de la voie.

Nombre d'employés des trains sur les tracés A, B et C.

Le personnel des trains se compose ordinairement, sur les lignes de plaine, d'un chef de train, d'un contrôleur et d'un garde-frein, soit de trois personnes par train. Sur les lignes inclinées de 40 à 60 pour mille, il faudrait, en employant le matériel à 4 roues, ajouter pour le moins trois gardes-freins par train à voyageurs et cinq à six par train à marchandises.

En supposant de 8 à 9 heures le temps de service journalier d'un employé de train, il s'en suit que chaque employé pourrait faire par jour, sur les tracés B et C, le trajet Brigue-Domo-d'Ossola et retour. Dès lors le nombre d'employés devrait être le suivant, pour desservir les trains entre les stations mentionnées, sur les tracés B et C :

5 trains à voyageurs dans chaque sens, à 6 employés chacun, 30 employés
4 trains à marchandises à 8 employés . . . . . 32 »
Nombre total, 62 employés

Sur le tracé A, douze trains représentant chacun une heure de parcours, exigeraient 12 heures de trois employés, soit 36 heures par jour. Pour tenir compte de la marche plus lente des trains à marchandises, nous porterons ce dernier nombre à 40 heures et nous lui substituerons un nombre d'employés de $\frac{40 \text{ heures}}{8 \text{ heures}} = 5$ employés.

Dépenses pour employés. Tracés A, B et C.

Si l'on estime le traitement annuel moyen de chaque employé à mille francs seulement, les tracés B et C donneraient lieu à une dépense annuelle de 62 employés $\times$ 1000 francs = 62,000 francs, tandis que la dépense annuelle du tracé A serait pour le même objet de cinq mille francs seulement. Nous pensons que notre estimation est encore assez favorable aux deux tracés cités en premier lieu.

Au tracé C, il faudrait ajouter un nouveau surplus de dépense pour les douze aiguilleurs des stations de rebroussement. En portant le traitement d'un aiguilleur chef de halte à 1200 francs, et en supposant *que la prudence n'exige pas un employé auxiliaire par station de rebroussement*, le surplus de dépense qu'occasionnerait le tracé C serait de 14,400 francs.

Nous croyons pouvoir passer sous silence le personnel des stations à établir sur le parcours de la montagne même, dans l'hypothèse des tracés B et C. Nous n'ajouterons que cette réflexion : que l'on devrait s'estimer heureux si le trafic local des pauvres hameaux placés sur les deux versants compensait les frais de personnel et d'installation des gares.

Résumé de la dépense pour employés du mouvement et du trafic. Tracés A, B et C.

Résumant les chiffres comparatifs pour les frais du personnel de l'administration du mouvement et du trafic, nous aurons :

Tracé A : par an	francs	5,000
Tracé B : » »	»	62,000
Tracé C : » »	»	76,400

Il nous reste maintenant à totaliser les chiffres développés pour chacun des quatre éléments principaux qui constituent la dépense de l'exploitation d'une ligne. On a :

	Tracè A avec grand souterrain.	Tracé B avec rampes de 5 à 6 p. cent.	Tracé C avec rampes de 4 p. cent.
	Fr.	Fr.	Fr.
1° Traction	157.680	2,069,550	1,596,510
2° Entretien du matériel	22,995	53,655	62,050
3° Entretien et surveillance de la voie	61,200	189,000	178,200
4° Mouvement et trafic,	5,000	62,000	76,400
Total général,	246,875	2,374,205	1,913,160

Résumé général des frais d'exploitation sur le tracés A, B et C.

Le résultat général accusé par ce tableau peut être énoncé comme suit :

Le tracé à très fortes rampes B (Flachat-Thouvenot) présente sur le tracé à long souterrain A, un surplus de coût annuel d'exploitation de *deux millions cent trente mille francs*. Le tracé C, de la ligne d'Italie, présente sur le même tracé A, à long souterrain, un surplus de coût annuel d'exploitation de *un million six cent septante mille francs.*

Au taux de cinq pour cent, les différences susmentionnées représenteraient des chiffres capitaux de 42,600,000 fr. et de 33,400,000 fr. — Chiffres capitaux résultant de la comparaison ci-haut.

Nous bornons à cela, pour le moment, nos réflexions, sur le chapitre important des frais d'exploitation.

§ 3. — Trafic et recette brute.

Le lecteur a déjà pu voir que l'argumentation et les chiffres du chapitre précédent reposaient sur deux prémisses, dont l'une avait été posée par nous à priori, sans discussion préalable sur sa validité, et dont l'autre résultait implicitement de nos conclusions. La première de ces prémisses est celle : que la recette brute kilométrique du tracé C (ligne d'Italie) serait de 36,000 francs par an, aux tarifs ordinaires soit de 72,000 francs, en partant des doubles tarifs supposés. La deuxième prémisse résulte de notre comparaison des frais d'exploitation des trois tracés. En capitalisant, en défaveur des tracés B et C, le surplus de leurs frais annuels d'exploitation, sur ceux du tracé A, nous avons admis implicitement que la recette brute totale serait la même sur les trois tracés; en d'autres termes, que le voyageur, ou la marchandise d'une classe donnée, pour être transportés de Brigue à Domo-d'Ossola, payeraient autant sur les tracés A et B que sur celui C, bien que les longueurs respectives de ces trois tracés soient de 36, 70 et 81 kilomètres; en d'autres termes encore, il ne serait plus question d'un tarif kilométrique, mais d'un tarif en bloc pour le trajet entre Brigue et Domo-d'Ossola [23]).

Prémisses déjà posées pour le § 3 trafic.

[23]) En prenant pour base, comme nous l'avons fait, la perception d'un double tarif, appliqué à une longueur de 81 kilomètres, entre Brigue et Domo-d'Ossola ce parcours donnerait lieu aux prix en bloc suivants :

Voyageurs de 1re, 2me et 3me classe, 16 fr., 12 fr., 8 fr.

Marchandises (la tonne) en moyenne 15 centimes (par kilomètre, soit 12 fr. 15 c. pour le trajet Brigue-Domo. Ce dernier chiffre est déterminé d'après la moyenne des tarifs français, qui était en 1854 de 7 $^{2}/_{10}$ centimes par tonne).

Nous ne pensons pas avoir besoin d'insister sur ce dernier point. Lorsqu'une compagnie se trouve placée en face de l'alternative : d'établir un tracé défectueux à bon compte, ou de réaliser une solution radicale et heureuse pour le public, *moyennant des sacrifices ;* lorsque le public est exposé à faire un trajet de 4 heures sur une ligne dangereuse, ou qu'il a la perspective de franchir les Alpes en moins d'une heure et en parfaite sûreté : le moins que l'on puisse offrir à la compagnie qui s'imposerait de volontaires sacrifices pour réaliser la solution meilleure, serait, de lui payer pour le parcours du tracé favorable le même prix que celui *qu'elle eut été en droit* d'exiger sur une ligne onéreuse pour le public.

Ce raisonnement nous paraît couler de source.

Il nous resterait donc à discuter l'autre prémisse, savoir : jusqu'à quel point on pourrait admettre pour le tracé C (ligne d'Italie) les conditions de mouvement et de trafic correspondantes à la recette brute kilomètrique de 36,000 francs aux tarifs ordinaires, ou à celle de 72,000 francs, en supposant (comme le fait le rapport de la compagnie d'Italie) [24]), que des doubles tarifs puissent être obtenus, selon les tracés ou systèmes appliqués au lignes alpines.

Examen du produit brut probable d'un chemin de fer alpin.

Bien qu'une ligne alpine ne puisse compter en rien sur la circulation locale et qu'elle se trouve privée, par là, d'un élément de prospérité très important, nous dirons de prime abord qu'un mouvement correspondant à la recette brute kilomètrique de 36,000 francs, n'a rien d'anormal. Le résultat moyen de l'exploitation des lignes françaises fut, en 1854, pour un réseau de plus de 4500 kilomètres, alors exploité, de 46,450 francs. Ce chiffre, extrait des documents statistiques recueillis par le ministère des travaux publics, paraît assez concluant et pourrait être appliqué, à notre avis, à une ligne de grand transit.

C'est, en effet, dans cette catégorie de lignes qu'il faut ranger la plupart des artères du réseau français exploité en 1854. Aujourd'hui le résultat serait différent. Grevé par une série d'embranchements improductifs, le réseau français ne présente, dans son ensemble, qu'un

[24]) En estimant la recette brute kilométrique à 36,000 fr. pour la partie Thonon-Brigue et à 72,000 fr. pour la partie Brigue-Domo-d'Ossola, la compagnie d'Italie cherche à prouver que le total de ses lignes *Thonon-Domo-d'Ossola* pourrait produire un rendement de 8 pour cent de son capital de construction.

Nous ne pouvions nous arrêter à cette estimation qui, d'ailleurs, peut être modifiée notablement, si, comme nous l'avons déjà fait entrevoir, la double voie devenait nécessaire entre Brigue et Domo-d'Ossola. Nous devons considérer ce dernier trajet comme une *entreprise à part*, dont le budget doit être établi à part. Si le bénéfice de la traversée s'étend aux aboutissants, c'est aux compagnies aboutissantes d'en tenir compte, par des subventions, au passage de la montagne. Déterminer le résultat financier de celui-ci doit être notre première tâche.

Si nous avons conservé, quand même, le chiffre de 72,000 fr. pour la recette brute kilométrique du passage de la montagne, c'est pour des raisons que nous exposerons plus loin. En défalquant du produit brut, déterminé d'après ce chiffre (6 millions environ) les frais d'exploitation évalués dans le paragraphe précédent, on arrive pour le tracé A à un rapport net de 4 pour cent et pour le tracé C à un rapport net de 3 pour cent environ, *sans subvention*. En supposant pour chacun des deux tracés une subvention de 30 millions, le rendement net du tracé A deviendrait de 5.1 pour cent, celui du tracé C de 4 pour cent.

résultat financier très inférieur à celui de 1854. Si nous adoptons un instant ce dernier pour le passage du Simplon, en défalquant la somme de 8000 à 10,000 francs par kilomètre, pour la circulation locale, qui serait nulle pour la traversée de la montagne, nous arrivons aux 36,000 fr. environ que nous posions plus loin.

Mais il est une circonstance très importante que nous tenons à faire remarquer de suite. Les diverses lignes françaises qui ont servi à la détermination du produit brut ci-mentionné, aboutissent, à peu d'exceptions près, à d'importants ports de mer ou aux contrées industrielles consacrées à l'extraction de produits premiers, tels que : houilles, fers, etc., et par là éminemment favorables, soit à l'alimentation du trafic des marchandises, soit au mouvement des voyageurs. *Paris Lyon-Marseille*, *Paris Rouen-Havre*, *Paris-Bordeaux*, *Paris-Calais* sont des lignes alimentées en grande partie par les produits d'outre mer. Les lignes françaises du nord et du centre participent moins à cette condition, mais leur position financière actuelle et leur avenir reposent sur la solide base de l'exploitation des plus riches terrains houillers du continent européen. Le chemin de fer de l'Est constate, par une recette kilométrique en dessous de la moyenne, l'absence partielle des conditions qui caractérisent les autres grandes lignes du réseau français.

Si nous cherchons à tirer de ces faits une analogie, relativement à nos passages alpins, nous devons nous poser cette question : 1° *Les lignes alpines pourraient-elles atteindre la recette brute kilométrique de 36,000 fr., en vertu du simple trafic qui s'opérerait entre le centre et le nord de l'Europe d'une part et l'Italie d'autre part ;* 2° *ces mêmes lignes pourraient elles espérer, le cas échéant, à devenir des artères de transit pour le commerce du Levant, peut être pour celui des Indes?*

Revenu provenant du transit des produits continentaux allant de l'Italie vers le Nord.

Quelques considérations fort simples suffiront pour résoudre la première de ces deux questions.

L'Italie n'est pas un pays industriel. Ses produits en céréales sont pour la plupart analogues à ceux des autres pays, qui serviraient, au Nord, de débouchés aux lignes alpines. Dès lors le trafic allant de l'Italie au Nord serait d'autant moins important que, partant d'une zône déjà étroite, séparée par une chaîne et desservie par deux côtes maritimes, il se détendrait, en se distribuant sur six ou sept lignes, dont 4 déjà exploitées ou assurées, savoir : *Sœmmering*, *Brenner*, Lukmanier, St-Gothard, Simplon, *Mont-Cenis* et *Littoral ligurien* ; qu'il faudrait défalquer de l'Italie les îles auxquelles on pourrait encore supposer quelque productivité (tels les soufres de Sicile). Il est donc permis d'attribuer une faible importance au transit *provenant de l'Italie et se dirigeant vers le Nord.*

Revenu du transit des produits continentaux arrivant en Italie depuis le Nord.

Mais si le développement industriel de ce pays est encore très incomplet dans ce moment, il pourrait progresser précisément en vertu de la création de nouvelles artères. L'Italie, privée de certains produits premiers, nécessaires à tant d'industries (tels que les houilles), recevrait dorénavant ces produits des pays limitrophes, dont elle se trouve séparée actuellement par la grande chaîne des Alpes. De cette circonstance, particulièrement favorable aux grands pays occidentaux, il résulterait un triple avantage : développement industriel d'un pays, nouveau débouché pour les produits des pays voisins, trafic abondant pour les artères de communication. C'est ce dernier résultat qui doit nous préoccuper en ce moment.

Citons les recherches d'un ingénieur distingué, dont l'opinion n'est du reste pas tout à fait la nôtre.

Dans son deuxième ouvrage sur le passage du Simplon, M. Flachat se préoccupe des éléments d'alimentation de ce passage alpin, et voici, selon l'Ingénieur français, sa principale source de vitalité.

L'Italie tire actuellement ses houilles d'Angleterre. Le prix du fret entre New-Castle et Gênes est, dans ce moment, de 25 à 35 francs par tonne, selon les saisons, soit de 30 francs en moyenne. Rendue à Milan, la tonne coûterait en moyenne soixante francs, compris le prix d'achat à New-Castle, le transport sur mer et sur chemin de fer et le déchet. *En supposant qu'on puisse obtenir pour le transport de la même marchandise, sur rails, les tarifs les plus réduits*, la tonne de houille, provenant des mines de St-Etienne, Blanzy et Montchanin, pourrait être rendue par voie de terre à Milan, au prix de cinquante francs. Il y aurait donc avantage en faveur de la voie de terre. A moitié chemin entre Milan et Gênes les prix s'égaliseraient; car d'un côté (voie de terre) le prix de transport augmenterait de cinq francs par tonne; tandis que, d'autre part (voie maritime), le prix correspondant subirait une réduction du même chiffre. Des faits exposés on peut tirer cette conclusion : *que les passages alpins* (plus particulièrement le Simplon) *pourraient lutter avec la concurrence maritime dans l'approvisionnement de tous les points de la péninsule italienne dont la distance depuis Milan n'excède pas celle du port de mer le plus voisin*, cela encore dans l'hypothèse que le frétage n'abaisse pas (comme il l'a fait ailleurs, en vue de la concurrence) les tarifs actuels et que les chemins de fer transportent les marchandises de dernière classe au taux de cinq centimes par tonne et par kilomètre. La simple *possibilité* d'une concurrence, c'est, du reste, ce que semble vouloir établir l'argumentation de M. Flachat.

Une autre conclusion partielle et analogue à celle qui précède est celle : que pour les produits continentaux du nord et de l'ouest de l'Europe, les chemins de fer alpins ne pourront pas trop prétendre au monopole, en vertu d'une lutte dans les prix. *La supériorité éventuelle de ces artères doit être basée dès lors sur d'autres conditions. La facilité, la régularité, la sûreté et la rapidité des transports* sont parmi ces conditions les plus essentielles.

Revenu du transit des produits venant d'outre mer.

Quelles seraient maintenant les espérances légitimes qui pourraient se rattacher à l'avenir de nos passages alpins, quant au transit des produits d'outre-mer ?

On n'a pas laissé de parler de ce facteur. On a cherché des corrélations entre la traversée des Alpes et le percement de l'isthme de Suez. A la vérité, ces espérances ont été émises avec beaucoup d'ardeur, mais en même temps appuyées par peu d'arguments sérieux et raisonnés.

Dans une annotation précédente, le lecteur à pu constater un fait qui n'est ignoré, dans sa généralité, par aucun homme spécial. Le prix du frétage depuis New-Castle à Alexandrie et à Trieste (francs 27. 30) n'est guère plus élevé que celui entre le même port anglais et les ports de Barcelonne, Gênes, Livourne et Naples (francs 26. 20) [25]). Cependant les distances varient dans les deux hypothèses presque du simple au double, de 2900 à 5400 kilomètres, ce qui, malgré le coût peu élevé des transports maritimes, devrait donner lieu à un surplus de dépense de vingt-cinq francs environ par tonne, si l'on supposait des prix de transport en rapport direct des distances parcourues, et si l'on prenait pour base le trajet New-Castle-Barcelonne (2900 kilomètres). Ce simple aperçu fera voir clairement que la distance ne joue qu'un rôle secondaire quant aux prix des transports sur mer; qu'il faut chercher les bases de ces prix dans d'autres circonstances, *parmi lesquelles les conditions de chargement en retour doivent être mentionnées en premier lieu.*

Mais puisqu'il est avéré que les marchandises *même de dernière classe* peuvent faire un surplus de trajet de cinq mille kilomètres (aller et retour Gibraltar-Alexandrie, moins la double distance Gibraltar-Barcelonne et retour) sur 5800 kilomètres de trajet primitif (New-Castle-Barcelonne), *cela dans le seul but de s'assurer un retour*, on n'est guère endroit de supposer que le trafic maritime abandonnera bénévolement les grands centres commerciaux, *Trieste, Gênes* et *Marseille*, pour choisir à leur place un port sans importance, tel que Otranto [26]), vers l'extrémité sud-est de l'Italie. Lors même que l'on compterait pour rien la puissance d'un courant commercial établi depuis plusieurs siècles, alimenté par de nombreuses industries, soutenu par des capitaux hors proportion, il faudrait en tout cas que la nouvelle artère ne fût pas moins favorable que les anciennes pour le trafic maritime, *qu'elle pût alimenter le retour. Le pourrait-elle?* Nous ne le pensons pas. Nous venons d'établir que la marchandise provenant du centre de la France ne dépasserait guère *Milan* sans entrer en lutte de concurrence, soit avec les produits anglais, soit avec les transports maritimes partant des ports français de l'Ouest. Dans ces conditions il ne paraît pas sérieux de supposer un surplus de la distance de transport sur rails, de 1200 kilomètres environ *(Milan-Otranto), qui augmenterait de soixante francs le coût de la tonne de marchandises de dernière classe.* Dans ce cas et à moins que l'industrie future des Calabres, des Abruzzes et des Etats-Pontificaux vienne égaler le courant industriel venant de l'Orient *et assurer au frétage Suez-Otranto les retours qu'il ne pourrait espérer du transit venant du nord des Alpes,* on peut poser cette thèse, *que le frétage optera (à prix égal et même inférieur), comme du passé, pour les ports de Trieste, Gênes et Marseille, et que les passages alpins ni détrôneront ces ports, ni n'en substitueront d'autres.*

Revenons maintenant au passage du Simplon. Le port de mer de ce passage serait, comme pour celui du Mont-Cenis, *Gênes*. Les deux lignes se feraient, en raison de leur rapprochement, une concurrence

[25]) Pour Constantinople le fret est même inférieur à celui pour Barcelonne, 24 francs au lieu de 26 francs.

[26]) C'est le port que désigne le rapport de la compagnie d'Italie.

dont il est important de rechercher les conditions et la portée pour chaque passage.

Depuis Genève la distance de Gênes est sensiblement égale en passant par le *Simplon* (Genève, Bouveret, Brigue, Domo-d'Ossola, Arona, Alessandria, Gênes, longueur 496 kilomètres, et par les lignes de l'Ouest-Suisse environ 520 kilomètres), à celle par la ligne du *Mont-Cenis* (Genève, Culoz, Mont-Cenis, Turin, Alessandria, Gênes, 502 kilomètres). On pourrait donc supposer un instant que le trafic partant de Gênes dans la direction de Genève, pour Culoz et peut-être au-delà de cette station, se partagerait sur les deux artères.

Mais, dans cette hypothèse, nous négligeons un fait important. Sur le trajet par le Simplon (dont nous avons estimé la longueur selon le tracé de la Compagnie d'Italie), le double tarif serait perçu sur un parcours de 81 kilomètres, comprenant la traversée de la montagne. Si maintenant le royaume d'Italie se plaisait à considérer le passage du Mont-Cenis comme une œuvre d'utilité publique *dont les sacrifices devraient être supportés, selon lui, uniquement par le trésor*, et si, partant de ce principe, il n'admettait pas des tarifs différentiels pour ce passage alpin, la ligne du Simplon se trouverait grevée, au point de vue *du coût des transports*, d'un surplus de longueur de 81 kilomètres. Les distances respectives et payantes Genève-Simplon-Gênes deviendraient alors de 577 kilométres par la côte savoisienne et de 600 kilomètres par la côte suisse. Le trajet Genève-Mont-Cenis-Gênes resterait de 502 kilomètres.

La distance Genève-Bussigny est de 58 kilomètres environ. La distance payante Bussigny-Gênes serait dès lors de, 600 moins 58 soit 542 kilomètres en passant par le Simplon, et 502 plus 58, soit 560 kilomètres par le Mont-Cenis, cest-à-dire elle serait sensiblement égale dans les deux directions.

La conséquence évidente de cet état de choses serait celle que la concurrence du Mont-Cenis pourrait exister quant aux produits d'outre-mer et ceux du sud de l'Italie, depuis Genève jusqu'à Bussigny, Yverdon, Fribourg, Jougne et au delà; ni le canton de Vaud ni ses lignes ferrées n'y perdraient beaucoup; mais les intéressés à la construction d'une ligne ferrée par le Simplon ne s'en trouveraient pas mieux.

Nous pourrions produire encore d'autres considérations dans ce sens, mais nous sommes forcé, par le cadre restreint de notre travail, de conclure.

Résumons les faits acquis.

1° *Les chemins de fer ne pourront lutter pour les grands parcours, avec le frétage dont les tarifs sont à ceux des marchandises de dernière classe sur voie ferrée comme 1 est à 10.*

2° *On n'est pas en droit de supposer que les passages alpins créeront de nouvelles artères continentales en concurrence du trafic maritime.*

3° *Les calculs du trafic colonial des lignes alpines doivent êtres basés dès lors sur leurs distances aux ports de mer* LES PLUS VOISINS.

Abordant plus particulièrement le passage du Simplon et sa recette kilométrique supposée de 36,000 fr., soit 72,000 fr. aux doubles tarifs, nous avons vu que pour tous les éléments de trafic qui lui restaient acquis, soit comme débouché maritime à Gênes, soit comme transport pour le centre et le sud ouest de l'Italie, la CONCURRENCE DU PASSAGE DU MONT-CENIS pouvait exister, pour autant que le passage du Simplon serait placé, par un tracé compliqué et à fortes rampes en conditions onéreuses d'exploitation *comme coût et aussi comme temps et comme régularité du transport.*

Cette concurrence permettrait-elle la vitalité des deux artères concurrentes, laisserait-elle supposer encore pour l'une d'elles un mouvement correspondant à 36,000 fr., soit 72,000 fr. de recette brute kilomètrique?

La réponse sera concluante quant au parti à choisir car elle dépendra uniquement du système du tracé ou d'exploitation qui serait adopté pour chaque artère. Nous ne craignons pas de le dire : *jamais les lignes hautes ne pourraient soutenir la lutte avec les lignes basses,* même lorsque ces dernières présenteraient un surplus de chemin à parcourir de deux cent kilomètres et au delà. La condition finale de réussite de la concurrence est toujours celle de pouvoir *abaisser les prix unitaires des transports, d'attirer la marchandise, de gagner sur la quantité du tonnage ce que l'on perd sur les prix élémentaires.* Mais une limite forcée existe aussi pour cet abaissement des tarifs, c'est celle où les tarifs resteraient en dessous de la dépense et où la compagnie transporterait à perte. *Cette limite peut descendre à 1 ½ centime par tonne pour les chemins de plaine. Sur les chemins ayant des rampes de 40 à 60 pour mille elle varierait entre 6 et 10 centimes par tonne-kilomètre.*

Il s'en suit clairement que les lignes basses, sans transporter à perte, pourraient encore l'emporter sur les lignes hautes, quant au coût absolu du transport, lors même que les premières présenteraient un détour ou un *surplus* de longueur *variant de quatre à sept fois la longueur du trajet à fortes rampes des lignes hautes.*

Si ces dernières lignes sont au bénéfice d'une construction de beaucoup plus rapide (?), il est certain aussi que le monopole dont elles pourraient jouir pendant quelque temps, disparaîtrait à partir du jour où la locomotive franchirait le souterrain d'une ligne basse voisine et qu'il ferait place à une exploitation ruineuse.

Le système des lignes hautes ne doit être adopté dès lors qu'à titre essentiellement provisoire. Ce dernier caractère entraîne la possibilité d'amortissement au bout d'un court terme et, par là, un capital relativement faible, une construction à bon marché. Le chapitre que nous abordons maintenant tendra à établir quel serait le tracé qui pourrait satisfaire à un tel programme.

§ 4. — Coût de la construction.

Sans que nous entrions dans de longues explications, nos lecteurs se rendront compte, sans doute, du caractère plutôt général des recherches, auxquelles nous avons consacré le présent chapitre. Si les éléments de nos calculs ne sauraient prétendre à ce cachet de précision, qui ne peut être obtenu que par des opérations longues et couteuses sur le terrain, ils sont cependant d'une approximation suffisante pour la solution du problème qui nous occupe. Il ne faut pas se

Explications générales sur les éléments du § 4.

dissimuler, d'ailleurs, que l'exécution d'une ligne ferrée à travers les Alpes, présenterait des circonstances si peu normales, que les devis les mieux étudiés ne sauraient inspirer qu'une partielle confiance quant aux évaluations à l'égard desquelles les analogies manquent à peu près complétement.

En pareilles circonstances, l'Ingénieur consciencieux admettra plutôt les hypothèses défavorables au coût des travaux projetés. Nous opérerons de telle sorte et puisque nous discuterons dans la suite plusieurs systèmes ou tracés, puisque nous conclurons en faveur de l'un d'eux, nous aurons soin, en outre, de ne passer sous silence aucun fait de nature à réagir contre la solution que nous considérons, en fin de compte, comme étant la meilleure.

Cela dit, abordons la discussion du coût de chacun des trois tracés, désignés plus haut sous A, B et C. Nous commencerons par le dernier, celui de la Compagnie d'Italie,

Coût du tracé C (Mondésir Lehaître).

Coût du tracé C, Mondésir-Lehaître.

A la fin de notre exposé préliminaire, des trois systèmes, nous avons déjà essayé de fixer un chiffre approximatif, pour le coût de ce tracé. En partant du chiffre de *soixante six millions*, que suppose le devis élaboré par M. Lehaître *pour un tracé à simple voie*, nous sommes arrivés à celui de *cent dix millions*, basé : d'une part sur l'insuffisance supposée de la simple voie, d'autre part sur un coëfficient de $\frac{5}{3}$ qui doit exprimer le rapport moyen entre le coût d'un tracé à simple voie et celui d'un tracé à voie double.

Il nous incombe (puisque nous maintenons le chiffre de cent dix millions) de justifier ses deux bases : *La nécessité d'une double voie et le coëfficient adopté pour son coût relatif.* Examinons le dernier.

Données statistiques sur le rapport entre le coût des chemins à simple et à double voie

En 1854, le réseau français se composait de plus de 4000 kilomètres de lignes ferrées, dont 3606 kilomètres à voie double, et le reste, 457 kilomètres seulement à simple voie. Parmi les premières lignes (à voie double), le document statistique officiel auquel nous empruntons nos données, distingue deux catégories : Celle des lignes comprises dans le rayon rapproché des grands centres, et celle des lignes restantes, plus éloignées. La différence assez notable et assez compréhensible dans le coût d'établissement de chaque catégorie, justifie la division ainsi établie.

Le coût kilomètrique moyen des artères à simple voie est de 196,927 francs; celui des lignes à double voie, éloignées des grandes villes, de 319,679 francs. Les chemins à double voie qui sont rapprochés des centres populeux présentent le chiffre formidable de 506,419 francs par kilomètre. Si l'on bloque dans une seule catégorie tous les chemins à double voie on arrive au chiffre kilométrique moyen de 417,500 francs.

On voit par ce rapprochement de chiffres dont l'origine ne laisse guère de doute, sur leur authenticité et sur leur exactitude, que le rapport le plus favorable entre le coût respectif des chemins à simple et à double voie est de $\frac{319,679}{196,927}$ et qu'il répond, à peu près, au coëfficient $\frac{5}{3}$ que nous avons adopté. Si l'on comparait avec le chiffre moyen des lignes à simple voie, le chiffre moyen de *toutes* les lignes à double voie, du réseau français (au lieu d'une partie seulement, dont la construction a été *relativement* économique) on arriverait au rapport de $\frac{417,500}{196,927}$ ou de 1 : 2,12 lequel, appliqué au problème qui nous occupe, porterait le coût d'une double voie du tracé Lehaître (C) à 2,12 fois 66,000,000, soit 140 millions environ.

Mais restons au coëfficient adopté de $\frac{5}{3}$ et au chiffre-produit de cent dix millions qui en résulte et bornons nous à dire que nos chiffres sont encore d'autant plus favorables au tracé de la Compagnie d'Italie, que le surplus de coût de l'élargissement de la plateforme, doit augmenter, nécessairement (et surtout quant aux terrassements et ouvrages d'art tels que galeries couvertes) dans les contrées montagneuses, où le tracé est assis en général sur des versants fortement inclinés.

Nécessité d'une double voie de fer pour le tracé C (Mondésir-Lehaître).

Le coëfficient $\frac{5}{3}$ étant suffisamment motivé et justifié, nous pouvons aborder maintenant les arguments tendant à établir la nécessité d'une voie double, pour satisfaire, avec le tracé Mondésir-Lehaître, aux conditions déjà développées d'un trafic, qui correspondrait, aux tarifs ordinaires, à une recette brute kilométrique de 36,000 francs.

Ayons recours en premier lieu à quelques données d'expérience.

On a déjà vu que le réseau français présentait en 1854, une partie très faible seulement, construite à simple voie.

La fréquentation diurne moyenne, de tout le réseau, fut de 18,1 trains. Cette fréquentation eut pour limite inférieure le nombre journalier moyen de 8,3 (Montereau-Troyes) et pour limite supérieure celui de 33 trains (Paris-St-Germain).

Comme donnée ultérieure nous citons celle que toutes les lignes, dont le nombre diurne moyen des trains dépassa 12, furent pourvues d'une double voie de fer. (Le tracé Lehaître comporte 18 trains, on l'a vu).

Il serait déjà permis de tirer une conclusion partielle des faits statistiques exposés plus haut, car il est évident que les bases adoptées avec raison pour les lignes de plaine, ne sauraient être écartées *légèrement*, en ce qui concerne l'exploitation d'une traversée de montagnes, dont la complication est hors ligne. Nous tenons toutefois à baser notre opinion sur des arguments encore plus irrécusables..

Le tracé C (Mondésir-Lehaître) exigerait, nous l'avons prouvé auparavant, un nombre diurne de 18 trains. Nous supposerons ce nombre distribué également dans chaque sens, c'est-à-dire neuf trains montants et neuf trains descendants. La vitesse normale de ces trains, non compris les temps d'arrêt, a été supposée par les auteurs des systèmes à fortes rampes, égale à 20 kilomètres à l'heure.

Sur une ligne à simple voie, le croisement des trains (obligé naturellement dans les stations) détermine aussi un certain temps-limite, ou minimum qui doit séparer le passage à un même point de deux trains consécutifs, allant dans le même sens. Supposons, en effet, un cas déjà extraordinairement favorable, que la pratique de l'exploitation des chemins de fer ne pourrait pas réaliser, selon toute probabilité : celui que *chaque train puisse croiser dans chaque station* un autre train allant en sens opposé. Le temps-intervalle, *absolument nécessaire* entre deux trains montants A et *a* serait donné par l'addition des trois facteurs qui suivent : 1° par le temps que mettrait le premier train montant A pour aller d'une station M à une autre station N, où il croiserait le train B; 2° par le temps que mettrait le train descendant B pour revenir depuis la station N à la première station M, où il croiserait le second train montant *a* ; 3° par l'arrêt que subiraient les deux trains A et B pendant leur croisement en N.

Sur les lignes de plaine, dont la distance des stations consécutives est de 10 à 12 kilomètres au maximum, où les trains sont doués d'une vitesse moyenne par heure, qui varie de 40 à 60 kilomètres, le temps limite, entre deux trains qui se suivraient, deviendrait de 25 à 30 minutes seulement. (Il est évident que lorsque les stations ne sont pas sensiblement équidistantes, c'est la plus grande distance qui sépare deux stations qui doit servir de base à l'application du calcul ci-détaillé.) Bien différentes seraient les conditions sur une ligne de montagnes. Là le temps indispensable pour l'intervalle entre deux trains augmente, en raison de la vitesse très réduite et de la distance plus grande entre deux stations consécutives. Examinons à ce point de vue le tracé Lehaître.

Entre Brigue et Domo-d'Ossola, ce tracé suppose environ dix stations, formées en majeure partie par les portions de ligne affectées aux doubles rebroussements. L'une de ces stations de croisement est disposée au milieu du souterrain culminant de 5 kilomètres environ de longueur.

Quelque pittoresque que puisse être le point de vue des auteurs de cette idée, et aussi celui de la station projetée, nous nous permettrons un instant d'en reléguer la réalisation dans les cartons de MM. Mondésir et Lehaître [27]).

Cette station étant supprimée, la plus grande distance entre deux

[27]) Sans mentionner le fait qu'une pareille solution n'aurait aucun antécédent bien que, dans plusieures circonstances, il y ait eu des raisons dans ce sens; sans insister sur la difficulté et le coût d'un élargissement en souterrain, pour trois ou quatre voies, il suffira de poser ces quelques questions : La position des employés qui devraient résider en permanence dans le souterrain serait-elle bien tenable? La circulation fréquente, pour le relaiement, du personnel de surveillance serait-elle bien assurée, avec la largeur limitée du souterrain et les nombreux trains journaliers? Le stationnement obligatoire et quelquefois très prolongé des trains à voyageurs, à un même point, serait-il bien admissible, eu égard à la forte combustion des puissantes machines locomotives proposées? Nous passerons sous silence les questions d'éclairage et autres. Sans doute la chose est possible, mais est-elle rassurante pour la sûreté du mouvement? Et pourquoi chercher la complication, si l'on peut placer la station en dehors du souterrain, près de l'une des têtes. Cette dernière solution réduirait à 18—20 heures le temps journalier minimum de service. La réduction est peu importante, d'autant moins qu'il faut toujours prévoir par moments un mouvement bien plus fort que le mouvement normal et moyen, et outre cela des irrégularités de service presque forcées.

points consécutifs (Saltine-Simplon) serait de 19 kilomètres. Le temps nécessaire pour franchir cette distance avec le train montant, à la vitesse de 20 kilomètres, serait de 55 minutes environ. Le train descendant exigerait encore 55 minutes. L'arrêt aux stations de Saltine et Simplon et la manœuvre des doubles rebroussements entraîneraient une perte de temps de dix minutes au moins. Le temps total représenté par ces trois facteurs serait de DEUX HEURES, et tel serait aussi, on l'a vu plus haut, l'intervalle forcé et minimum entre deux trains consécutifs.

Les intervalles seuls, entre les neuf trains, représenteraient donc un temps journalier de 16 heures. Si l'on ajoute à ce nombre celui du temps que mettraient les deux premiers trains, pour arriver depuis les points extrêmes, Brigue et Domo-d'Ossola (ou même Varzo) à la station du sommet (Simplon); plus celui que mettrait le dernier train pour son retour, on arrive à ce résultat : *que vingt trois heures d'une journée devraient être affectées au service* [28]). Et tout cela en partant d'une série d'hypothèses trop favorables au tracé de la ligne d'Italie; car, nous le demandons, *de quelle manière ferait-on l'exploitation d'un tel tracé, si, comme cela arrive partout, le courant du trafic présentait de grandes irrégularités? Si le mouvement de marchandises, au lieu d'être uniforme tous les jours de l'année, et de 650 à 1000 tonnes kilomètre par kilomètreet par jour, devait varier, selon les périodes annuelles, et atteindre, par moment, une intensité double et triple?* Dans l'impossibilité de multiplier le nombre des trains, il faudrait alors, ou souscrire a des retards hors ligne, ou bien refuser la marchandise. *Placée en face de cette alternative, une ligne ferrée par le Simplon se trouverait non-seulement privée de tout avenir, mais encore elle n'aurait que cette perspective immédiate de l'impuissance même de* TIRER PARTI *des faibles chances favorables qu'un monopole de quelques années aurait pu lui réserver.*

Si donc il est avéré, que dans les circonstances développées, qui découlent de l'application du tracé Lehaître, l'exploitation d'une ligne ferrée par le Simplon rencontrerait des obstacles majeurs, il faut s'occuper des moyens de parer aux inconvénients signalés. Ces moyens consistent, ou à multiplier le nombre des stations sur les deux versants, ou à établir, comme nous l'avons déjà supposé, la double voie de fer. La dernière solution nous paraît la seule acceptable.

En effet, l'établissement d'une double voie est le seul moyen qui permette de satisfaire aux exigences d'un circulation active, d'obtenir

[28]) Nous avons eu quelque peine à rendre palpables nos idées au sujet de cette question spéciale. Ce que nous disons se base du reste sur une étude plus détaillée que ne le pourrait faire croire l'exposé sommaire ci-haut. Nous avons dressé un tableau graphique pour le mouvement des 9 trains journaliers qui devraient circuler dans chaque sens. Toute personne initiée un peu dans la pratique des chemins de fer et familiarisée avec l'usage fort simple des tables graphiques, pourra imiter notre exemple et se convaincre par là de la vérité de nos assertions La vitesse moyenne en marche est de 20 kilomètres à l'heure. Les distances entre deux stations consécutives sont les suivantes: Glyss-Thermen, 6 kilom.; Thermen-Brey, 4 kilom.; Brey-Saltine, 12 kilom.: Saltine-Simplon, 19 kilom.; Simplon-Algaby, 8 kilom.; Algaby-Gondo, 7 kilom.; Gondo-Paglino, 6 kilom.: Paglino-Varzo, 8 kilom. Total, 70 kilomètres.

une exploitation régulière, malgré les irrégularités dans le mouvement des marchandises et des voyageurs, de profiter de l'avantage passager d'un fort courant commercial qui pourrait être le résultat encore très problématique d'un monopole existant pendant 6 à 8 ans au plus. Ce n'est qu'en posant deux voies de fer sur tout le parcours Brigue-Domo-d'Ossola et au delà que l'on pourrait être rassuré sur le fonctionnement du service d'exploitation, que l'on pourrait espérer de parer et d'atténuer aux retards hors ligne et aux interruptions prolongées de la circulation qui résulteraient immanquablement sans cela, chaque fois qu'il se présenterait un de ces accidents si communs, tel que déraillement d'une locomotive ou d'un wagon, sur une aiguille ou ailleurs, détérioration d'une aiguille, cassure d'une bielle ou autre pièce, obstruction et détérioration d'une partie de la voie par les avalanches et par le ravinement des eaux. La multiplication sur une grande échelle des stations de croisement, outre qu'elle entraînerait un surplus de coût presque aussi considérable que celui exigé par l'établissement de la voie double (à cause de la difficulté et de la forte pente transversale du terrain) ne remplirait qu'en partie le but proposé, et cela encore très incomplètement.

Après tout ce qui précède, dans ce paragraphe, on est en droit de considérer la nécessité d'une double voie comme étant prouvée (pour le tracé Lehaître-Mondésir et dans l'hypothèse d'une circulation analogue à celle supposée par ces Ingénieurs). Il semble qu'on doit admettre aussi pour le coût de ce tracé entre Brigue et Domo-d'Ossola, le chiffre déjà longuement argumenté de cent dix millions de francs.

Détails du coût du tracé C (Mondésir-Lehaître).

Si l'on suppose, comme les Ingénieurs de la ligne d'Italie, une durée de la construction de cinq ans seulement, si l'on suppose en outre pendant ces cinq années des versements annuels successifs de 30,000,000, 20,000,000, 20,000,000, 20,000,000, 20,000,000 de francs pour atteindre le chiffre total de 110 millions de francs, le service des intérêts, au taux de 5 pour cent, exigerait en outre la somme suivante :

1re année.	Intérêt de	30	millions	francs	1,500,000
2e »	Id.	50	»	»	2,500,000
3e »	Id.	70	»	»	3,500,000
4e »	Id.	90	»	»	4,500,000
5e »	Id.	110	»	»	5,500,000
			Total,	francs	17,500,000

dont on peut négliger hardiment les bonifications pour versements anticipés, en négligeant d'autre part les frais d'émission et les remises pour le placement des actions et des obligations.

Le coût total d'établissement du tracé Mondésir-Lehaître ne saurait donc être estimé à moins de 17 $^1/_2$ millions plus 110 millions, soit *cent vingt sept millions et demi.* Nous verrons plus loin que ce résultat économique, pour être comparé avec celui du tracé A, à long souterrain, devrait tenir compte aussi de la différence dans les frais d'exploitation des deux tracés, et que le tracé Mondésir-Lehaître se trouverait grevé, par là, d'un surplus de chiffre capital de 33,400,000 francs, qui porterait son coût comparatif à 161 millions de francs environ.

Coût du tracé A à long souterrain.

Le tracé A se compose, on l'a vu, de deux parties très distinctes, ayant sensiblement la même longueur : 1° Celle de Brigue à Gondo-Paglino, trajet de 17 $^1/_2$ kilomètres qui s'effectuerait complétement dans un souterrain, percé pour deux voies et suivant une ligne droite à déclivité du 4 pour mille. 2° Celle de Gondo-Paglino à Domo-d'Ossola (18 $^1/_2$ kilomètres) qui suivrait un tracé à ciel ouvert, dont la direction générale, plus ou moins forcée par la configuration topographique de la vallée de la Divéria, serait sensiblement identique dans les trois hypothèses de systèmes proposés pour le passage du Simplon. Coût du tracé A à long souterrain.

L'établissement d'un souterrain de 17 $^1/_2$ kilomètres de longueur, sortirait en tous points des conditions ordinaires de semblables ouvrages. Les expériences acquises jusqu'à ce jour ne sauraient donc être, ni concluantes ni même d'une très grande utilité. Toutefois nous en mentionnerons quelques-unes, préférant aborder l'inconnu *au moins avec quelques indices* pour sa solution.

Au point de vue géologique, le souterrain du tracé A traverserait, sur la plus grande partie de sa longueur, les terrains volcaniques ou semi-volcaniques du gneiss et d'un granit dépourvu de mica, de dureté moyenne par rapport aux autres granits. Ces terrains sont en général consistants et, par là, n'obligent pas à de forts travaux de boisage. Par contre, l'extraction de la roche est rendue fort difficile à cause de la dureté relativement grande de ces masses décrites, et du peu d'action qu'ont sur elles les outils les mieux aciérés. Données géologiques sur le grand souterrain du tracé A.

A ce point de vue géologique, il y aurait cependant quelques exemples propres à fixer le jugement. Les nombreux tunnels percés dans les terrains volcaniques du massif central de la France, traversent les granits porphyroïdes et quelquefois les porphyres, dont la dureté est bien plus grande que celle des terrains les plus résistants que l'on rencontrerait, en perçant le souterrain inférieur du Simplon.

Les souterrains du massif central Français ont été percés par les procédés ordinaires et en général à l'aide du système d'attaque assez répandu, dénommé « la méthode belge » qui consiste à ouvrir une galerie dans le sommet en premier lieu, à abattre ensuite la moitié supérieure puis la partie inférieure de la section du souterrain. Parmi les tunnels que nous mentionnons, le plus coûteux d'établissement est celui de St-Martin d'Estréaux. La longueur de ce souterrain est de 1380 mètres, sa section transversale moyenne de 51 mètres carrés, et le coût par mètre linéaire de 2600 francs environ. (Compris le revêtement, 18 puits, non compris le service des intérêts pendant la construction.) Eléments du coût du grand souterrain du tracé A.

Bien que les terrains que l'on rencontrerait dans un souterrain alpin, soient pour la plupart moins défavorables que ceux du tunnel de St-Martin d'Estréaux et que les puits soient moins nombreux relativement à la longueur de la galerie, on doit s'attendre plutôt à un surplus de coût en défaveur du premier, à cause des installations toutes spéciales et hors ligne qu'exigerait le percement rapide d'une si grande longueur [29]).

[29]) Nous ne parlons pas, pour le moment, du service des intérêts pendant la construction; en conséquence nous ne ferons pas encore intervenir la durée des travaux.

Mais quel serait ce surplus de coût?

Les expériences déjà faites, au souterrain du Mont-Cenis, pourraient donner, malgré la défectuosité du système y appliqué, quelques éclaircissements qui, pour le moins, permettraient de fixer un prix de revient maximum. Malheureusement il plane un très grand mystère sur le coût des travaux du Mont-Cenis. Il est probable que, sauf la partie payante : le gouvernement italien, personne ne sera renseigné, même approximativement à ce sujet.

Le silence gardé dans cette question est d'autant plus regrettable, qu'il a servi de prétexte jusqu'à ce jour, aux adversaires du système à longs souterrains et à d'autres intéressés, pour répandre les bruits les plus exagérés. Ainsi on est allé jusqu'à indiquer le coût de six mille francs par mètre courant, indication à laquelle peu de praticiens auront sans doute attribué un caractère sérieux et dont nous avons déjà fait ressortir les erreurs les plus apparentes.

Mais entre une donnée évidemment exagérée et une autre donnée, non concluante, quel chiffre devons nous adopter ??

Nous avons déjà dit que nous nous efforcerions non seulement d'être impartial, mais encore d'user des plus grandes réserves, en ce qui concerne le système que nous croyons le meilleur et que nos lecteurs ont déjà pu deviner. Ses avantages sont du reste tels que nous pouvons faire de larges concessions, quant aux évaluations économiques.

Fidèle à cette maxime, nous adopterons pour le coût du mètre linéaire de souterrain à deux voies, un chiffre qui paraîtra excessif à la plupart de nos lecteurs, celui de cinq mille francs. Ce chiffre encore ne sera censé comprendre : ni les intérêts des capitaux engagés, pendant la construction, ni le coût de la voie de fer et celui de deux puits qui devraient être percés près de la tête nord.

Nous tiendrons compte de ces deux derniers facteurs, en portant à 80 francs le coût du mètre courant de double voie de fer, et à 1500 francs le coût du mètre linéaire de puits. A l'aide de ces données on arrive aux prix de revient suivants du grand souterrain.

Détails du coût du long souterrain du tracé A.

a) Deux puits ayant ensemble 750 mètres de profondeur à 1500 francs	francs	1,125,000
b) Galerie et élargissement, 17,500 mètres à 5000 francs	»	87,500,000
c) Voie de fer, traverses et ballast pour double voie, 17,500 mètres à 80 francs	»	1,400,000
Total,	francs	90,025,000

Soit en chiffres ronds *nonante millions.*

Le grand souterrain ne pouvant être achevé (au moins par les procédés actuellement essayés) qu'après un laps de temps assez long, son coût serait notablement augmenté, par le service des intérêts des capitaux engagés pendant les travaux.

Nous avons vu plus loin, qu'en perçant deux puits dont l'un distant de 2 et l'autre de 4 à 5 kilomètres de la tête nord, la distance entre les points d'attaque extrêmes serait réduite de 17 $^1/_2$ kilomètres à 12 $^1/_2$ kilomètres. Si nous partons seulement des résultats obtenus actuellement dans l'attaque du souterrain du Mont-Cenis (1 mètre 40 à 1 mètre 50 par 24 heures et par point d'attaque, soit environ 1000 à 1100 mètres par année pour deux points d'attaque); *si nous négligeons de cette manière toutes les probabilités favorables d'un grand progrès dans le système de perforation mécanique,* nous arrivons à cette conclusion : qu'il faudrait environ douze ans pour joindre les deux points d'attaque les plus distants. A ces douze ans, il conviendrait d'ajouter encore deux ans environ, laps de temps qu'exigerait le fonçage préalable des deux puits.

La durée totale des travaux du grand souterrain pourrait être estimée, en conséquence de ce que nous venons de dire, à 14 ans.

La distribution du capital de nonante millions sur ces quatorze ans s'opérerait sensiblement de la manière suivante : un premier versement anticipé serait de neuf millions ; le dernier versement qui se ferait au commencement de la 14e année, serait de neuf millions également, les 12 versements intermédiaires, anticipés comme les autres atteindraient chacun, le chiffre de six millions. Le chiffre plus fort du premier et du dernier versement résulte des dépenses spéciales pour l'installation et le règlement définitif. Ici comme ailleurs nous négligeons les bonifications d'intérêts pour versements anticipés.

Dans les conditions que nous venons d'énoncer le service des intérêts exigerait, au taux de 5 pour cent, une somme de 33,750,000 francs.

Coût du tronçon de Gondo-Paglino à Domo-d'Ossola.

Le coût du tronçon Gondo-Paglino à Domo-d'Ossola nous paraît être largement évalué à raison de six cent mille francs le kilomètre ; car, bien que le coût kilométrique moyen du tracé Lehaître, soit bien supérieur à ce chiffre, il peut être adopté néanmoins. Il ne faut pas oublier que c'est de la partie relativement facile qu'il s'agit maintenant. En effet la difficulté et le coût du tracé Lehaître, résident essentiellement dans la partie haute, que l'on évite par le long souterrain, et qui aurait, presque les deux tiers de son parcours en tunnel ou galerie couverte. Ces conditions exceptionnelles ne se présentent plus dans la partie inférieure de la vallée de la Divéria. On peut dès lors adopter des chiffres encore normaux, quoique considérables, pour ce tronçon.

La longueur de celui-ci étant de 18 $^1/_2$ kilomètres, son coût total probable deviendrait, en vertu du chiffre kilométrique de 600,000 francs, de 11,100,000 francs environ. Les travaux pourraient être achevés dans l'espace de trois ans. Le service des interêts pendant la construction absorberait environ 1,100,000 francs. Le coût total du tronçon Gondo-Domo-d'Ossola serait, en conséquence de 12,200,000 francs.

Résumé du coût du tracé A.

Résumons les chefs de dépenses développés pour le tracé A, à long sonterrain.

On a :

1° Souterrain proprement dit	francs	90,000,000
2° Intérêts de cette somme pendant 14 ans .	»	33,750,000
3° Tronçon Gondo-Domo-d'Ossola, intérêts compris	»	12,200,000
4° Somme à valoir pour matériel roulant, etc.	»	3,050,000
Total général,	francs	139,000,000

Soit en chiffres ronds *cent quarante millions.*

La comparaison de ce chiffre avec celui développé pour le tracé C (Lehaître) peut être énoncée dans les conclusions suivantes :

Comparaison économique entre les tracés A et C. Le tracé A à long souterrain, coûterait comme construction environ dix à douze millions de francs de plus que le tracé C (Lehaître), mais le résultat économique général, serait, à trafic égal, (supposé dans notre comparaison comme correspondant à 36,000 francs de recette brute kilométrique aux tarifs ordinaires) tout à fait en faveur du tracé A. En effet, si l'on ajoute au coût du tracé C (127,500,000 francs) le chiffre capital de 32,500,000 francs qui correspondrait au surplus des frais annuels d'exploitation du tracé C sur ceux du tracé A, on arrive pour le tracé C à un chiffre capital total de *cent soixante millions*. Le coût du tracé A, serait *cent quarante millions* seulement, nous l'avons vu.

A conditions égales de trafic, il y aurait donc un avantage économique de vingt millions de francs environ, en faveur de la solution radicale. Si l'on met en balance d'autre part ce fait d'une importance à elle seule décisive, que le tracé A pourrait seul assurer l'avenir en assurant seul une exploitation régulière, sûre rapide et économique, en permettant éventuellement des tarifs réduits, et par là une lutte de concurrence avec les lignes basses voisines ; si l'on tient compte enfin des avantages immenses qu'une telle solution présenterait seule pour le public voyageant et trafiquant et pour les contrées traversées, qui se trouveraient au bénéfice du mouvement d'une ligne, pour laquelle des conditions exceptionnelles érigeraient presque un monopole, [30]) alors le choix sera aussi peu douteux dans l'esprit de notre lecteur que dans le nôtre.

Coût du tracé B (Flachat-Thouvenot) avec rampes de 5 à 6 pour cent et courbes de 50 à 100 mètres de rayon.

Coût du tracé B avec déclivités de 5 à 6 pour cent. Nous arrivons maintenant au tracé le moins défini, parmi ceux qui font l'objet de nos recherches; à celui qui correspondrait aux systèmes de traction proposés par MM. Flachat et Thouvenot.

Ces Ingenieurs ne se sont pas trop étendus, en effet, sur la position à donner au tracé à 5 et 6 pour cent de déclivité, que comportent leurs propositions. Une telle réserve, justifiée d'ailleurs, par l'absence de

[30]) Si l'on exécutait le tracé A pour le passage du Simplon, aucun passage voisin ne présenterait, *à conditions égales de construction*, une exploitation aussi favorable. Le St-Gothard arriverait avec *sa ligne basse, comportant un souterrain de 15 ½ kilomètres de longueur*, à l'altitude de 1200 mètres; le Simplon resterait à celle de 705—750 mètres. Il s'en suit que les abords du St-Gothard présenteraient des rampes très prolongées sur les deux versants, tandis que le tracé du Simplon irait entièrement en descendant du côté de l'Italie, et que ses inclinaisons ne dépasseraient pas 25 pour mille et existeraient sur une longueur de 18 kilomètres seulement. De semblables arguments établissent la supériorité du Simplon sur le Mont Cenis et le Lukmanier, *dans l'hypothèse de lignes basses à tous ces passages*. Cet avantage du Simplon réside entièrement dans la configuration topographique du col, *qui est relativement resserré à sa base*. Son altitude différant peu de celle des autres cols, on comprendra facilement, que de tels avantages rentrent presque exclusivement dans les systèmes des lignes basses, dans lequel les longueurs de souterrains seraient à *altitudes égales*, passablement réduites, pour les cols à pentes rapides. Dans une ligne haute, la distance à parcourir est toujours donnée par la hauteur à franchir et par l'inclinaison adoptée. Le caractère plus ou moins abrupte des servants ne joue donc qu'un rôle secondaire pour ce dernier système.

documents précis et suffisamment détaillés, recueillis sur le terrain, s'explique aussi par le caractère général des publications mentionnées, *qui semblent plutôt provoquer une étude*, sur une base donnée, que résoudre la question. Néanmoins nous trouvons aussi, de part et d'autre, des évaluations numériques des dépenses d'établissement.

Caractère provisoire du tracé B.

Il est important de citer d'abord que MM. Flachat et Thouvenot présentent leurs systèmes respectifs à titre de SOLUTION PROVISOIRE. C'est là un point capital, que nous pouvons considérer comme une confirmation de notre opinion sur la vraie solution définitive, mais qui soustrait aussi le tracé B à quelques-uns des arguments décisifs que nous avons amassés contre le tracé C de la Compagnie d'Italie. Il convient pourtant d'examiner en premier lieu : Si les deux tracés répondent bien réellement aux conditions inhérentes à une solution provisoire, qui sont : le bon marché d'établissement et par là, la faculté de pourvoir, même avec un trafic moins important, aux frais d'exploitation, au paiement des intérêts du capital engagé et à l'amortissement de ce capital dans un court délai.

En lisant les publications des deux Ingénieurs, on peut voir au premier abord, que le système de M. Thouvenot répond mieux que celui de M. Flachat à ce caractère provisoire. Il suppose une simple voie, M. Flachat en projette deux. Il admet des rampes de six pour cent, M. Flachat fixe à cinq pour cent la limite des inclinaisons. Les rayons de courbure sont réduits dans le système de M. Thouvenot à 100 mètres par des dispositions spéciales de la locomotive, et ils le seront à 50 mètres et moins, en vertu de nouvelles propositions que cet Ingénieur va émettre [31]). M. Flachat conserve la limite de 100 mètres. Au point de vue du coût enfin, M. Flachat porte à 20 millions la dépense d'une ligne de 52 kilomètres de longueur entre Brigue et Iselle. M. Thouvenot estime le coût du même parcours à 12 millions seulement, *pour une voie simple.*

Estimation du coût kilométrique d'établissement du tracé B.

Ces estimations bien que peu argumentées n'ont rien de trop anormal, car elles correspondent aux chiffres kilométriques de 400,000 et 250,000 francs, matériel compris, et il est à présumer que, si la traversée d'un col alpin doit présenter des difficultés bien supérieures à celles des lignes de plaine, d'autre part les limites larges pour les rampes et pour les courbures, devraient agir dans le sens d'une réduction notable du coût. *Néanmoins on doit accepter avec la plus grande réserve seulement les chiffres donnés par les deux Ingénieurs.*

Nous n'entreprendrons pas avec des documents aussi incomplets, sinon plus incomplets, que ceux des auteurs du système B, à donner des chiffres, en échange de ceux que nous venons de voiler par des doutes. Ce que nous voulons, c'est fixer l'importance du problème, et PROVOQUER PAR LÀ L'ÉTUDE COMPLÈTE DE SON APPLICATION sur le ter-

[31]) Nouveau système d'articulation inventé par M. Arnoux, père. M. Thouvenot ayant été longtemps chargé de l'exploitation du chemin de fer de Paris à Sceaux et à Orsay qui est construit avec courbes de 25 mètres de rayon et exploité par un matériel tout spécial, est bien plus compétent que nous pour exposer les propositions dans ce sens, nous lui abandonnons donc ce soin.

rain. Une solution provisoire (même semi-provisoire, comme la définit M. Thouvenot) n'a rien qui nous effraie, malgré nos tendances vers la solution radicale. Ce qu'il nous importe, c'est de savoir si ce caractère provisoire est bien réel, en répondant aux conditions que nous en avons fixées plus haut.

Examinons à ce point de vue les systèmes Flachat et Thouvenot, *et partons un instant des chiffres de dépense adoptés par les auteurs*, qui se correspondent sensiblement, si l'on tient compte du rapport entre le coût d'un tracé à simple voie et celui d'un tracé à voie double.

Conditions d'amortissement du tracé B, système Flachat.

Le tracé *à double voie* proposé par M. Flachat pourrait seul satisfaire au trafic correspondant à 36,000 francs, soit 72,000 francs de recette brute par kilomètre. Nous avons fourni les preuves à ce sujet plus loin. Nous ajoutons encore que, sauf les obstacles climatériques (neiges) un tracé comme celui de M. Flachat doit être plus facilement exploitable que celui de MM. Mondésir et Lehaître.

Au tracé entre Brigue et Iselle il faudrait ajouter le parcours de 18 ½ kilomètres environ, entre cette localité et Domo-d'Ossola. Cette partie serait établie selon le tracé définitif A à long souterrain. Nous porterons donc pour son coût le chiffre déjà développé de 12,200,000 fr.

Le coût total des travaux à faire de suite serait de (20,000,000 plus 12,200,000 francs) de 32,200,000 francs, dont vingt millions à amortir.

Pendant la durée du monopole, nous admettrons qu'en tous cas le tracé provisoire pourrait percevoir les tarifs en bloc (Brigue-Domo-d'Ossola), qui résulteraient de l'application du tracé Mondésir-Lehaître (longueur 81 kilomètres) A trafic égal supposé de 72,000 francs par kilomètre aux doubles tarifs, la recette brute serait donc égale aussi à celle supposée par le tracé C et pourrait être admis

égale à 72,000 fr., pour 81 kilomètres, soit francs		5,832,000
Les frais d'exploitation pour un tel trafic ont été calculés par nous plus loin à	» 2,374,205	
L'intérêt du capital de 30,200,000 fr. exigerait au taux de cinq pour cent un prélèvement annuel de	» 1,512,500	
Total	francs	3,884,205

Il resterait par année pour l'amortissement une somme disponible de 1,947,795

A intérêts composés fixés à cinq pour cent, cette somme pourrait produire en 8 ½ ans l'amortissement d'un capital de 20 millions de francs et en 6 ½ ans l'amortissement d'un capital de 15 millions, que l'on serait en droit de supposer en tenant compte de la valeur restante des travaux provisoires et du matériel roulant.

Conditions d'amortissement du tracé B, système Thouvenot.

Pour *le tracé à simple voie* proposé par M. Thouvenot les conditions se poseraient d'une manière un peu différente.

D'un côté, un tel tracé ne pourrait pas satisfaire au trafic qui correspondrait aux tarifs ordinaires à 36,000 francs de recette brute par kilomètre. D'autre part, en supposant un trafic inférieur, les dépenses d'exploitation seraient réduites aussi, tout comme le chiffre capital à amortir.

Partons un instant de l'hypothèse d'une recette brute des trois cinquièmes seulement de celle supposée plus haut, pour le tracé C (Lehaître) et celui de M. Flachat. Le chiffre obtenu de 5,832,000 francs, multiplié par $^3/_5$ donnant . . . 3,499,200 francs correspondrait à une recette brute kilomètrique de 21,600 francs aux tarifs ordinaires, soit de 43,200 francs aux doubles tarifs, toujours en partant de la longueur comparative de 81 kilomètres du tracé Lehaître. Les frais d'exploitation seraient réduits naturellement et cela d'une manière très sensiblement proportionnelle à la recette brute nous les porterons donc à 2,374,205 francs, multiplié par $^3/_5$ soit 1,424,525 francs

Les intérêts annuels d'un capital de 24,200,000 francs au cinq pour cent absorberaient un chiffre de . . . . 1,210,000 »

Total 2,634,525 francs

Resterait disponible par an pour le service d'amortissement environ . . . . 864,675 francs.

Cet excédent annuel exigerait à intérêts composés, au taux de cinq pour cent, un terme de moins de onze ans pour produire l'amortissement d'un capital de 12 millions et un peu plus que huit ans pour produire l'amortissement d'un capital de 9 millions seulement, ce dernier calcul dans l'hypothèse que deux ou trois millions seraient retrouvés lors de la liquidation, dans la valeur du matériel roulant et des rails.

Caractère plutôt provisoire des propositions de M. Thouvenot, par rapport à celles de M. Flachat.

Les évaluations ci-dessus, quelque arbitraires qu'elles puissent paraître, montrent néanmoins que les tracés à fortes rampes ont une raison d'être qui n'appartient pas aux tracés intermédiaires. *L'étude détaillée sur le terrain, pourrait seule confirmer les chiffres fournis par les auteurs du système B.* Une chose paraît ressortir clairement : C'est que les propositions de M. Thouvenot, répondent mieux que celles de M. Flachat, au caractère provisoire des systèmes à fortes rampes.

Non seulement on exposerait, en suivant ces propositions, des capitaux moins importants, mais encore l'amortissement pourrait se faire *dans les conditions d'un trafic relativement modeste qui ne serait pas supérieur à celui dont est doté actuellement l'Ouest-Suisse*, et dans un laps de temps pendant lequel, selon toute probabilité, les Alpes ne seraient pas percées à leur base et pendant lequel le monopole existerait probablement en faveur du Simplon [32]).

Le système proposé par M. Thouvenot est enfin plus simple et par là plus sûr que celui de M. Flachat. Ses conditions diffèrent bien moins

[32]) Il serait toujours facile, d'ajouter au besoin une double voie au tracé de M. Thouvenot. Ce n'est pas du reste la double ou simple voie qui caractérise les deux propositions, mais leur différence réside presque entièrement dans les systèmes de traction et de matériel.

de celles d'un chemin de fer ordinaire, et se trouvent par là mieux au bénéfice d'expériences acquises.

C'est pour ces raisons que nous résumerons le tracé ou système à fortes rampes dans les propositions émises par M. Thouvenot, avec quelques réserves toutefois, que nous exposerons dans le paragraphe suivant.

§ 5. — Conclusions de l'exposé économique.

Conclusions économiques plutôt générales concernant tous les tracés de chemins de fer alpins suisses.

Si nous concluons déjà, avant d'avoir examiné le problème posé aux points de vue d'économie générale et politico-militaire, c'est pour les raisons qui suivent : d'abord afin de maintenir dans la mémoire du lecteur les arguments produits par nous et les faits acquis qui en ressortent : ensuite parce que le chapitre économique prime à peu près tous les autres par son importance, que notre tâche est par là presque terminée et enfin parce que l'étude rapide aux autres points de vue de la question, confirmera en entier les conclusions auxquelles nous allons aboutir maintenant.

Résumons les faits acquis et commençons par les faits plutôt généraux qui concernent plus ou moins tous les passages alpins projetés.

1° *On a vu que le trafic de ces passages n'atteindrait probablement pas l'importance que quelques enthousiastes de la question semblent lui prêter; que pour les échanges entre l'Italie et les contrées septentrionales et vice-versa, les passages alpins seraient en lutte avec le trafic maritime pour autant que des produits de même nature pourraient être fournis de ce côté; que la même lutte existerait à un plus haut degré encore pour les produits coloniaux et pour ceux en destination au-delà des mers.*

2° *De ces faits et d'autres, on a pu déduire que le trafic de provenance maritime des passages alpins occidentaux ne pourrait desservir, au nord des Alpes, que cette partie centrale de l'Europe, dont la distance au port de Gênes est inférieure à celle qui la sépare des ports de Trieste et Marseille, et peut-être même des ports de la mer du Nord et de la Baltique, soit de tout port de mer quelconque.*

3° *Le trafic acquis aux passages alpins étant réduit aux limites d'une appréciation saine et normale, on doit concevoir des doutes sur la vitalité possible de tous les passages projetés.* LES CONDITIONS PARTICULIÈRES DE CHAQUE PASSAGE, PAR RAPPORT A LA LUTTE DE CONCURRENCE, PRENNENT DÈS LORS UNE IMPORTANCE PRÉPONDÉRANTE.

Conclusions économiques concernant plus particulièrement le passage du Simplon.

Abordant maintenant le passage du Simplon et les trois systèmes ou tracés mis en présence, nous établirons les chefs suivants :

1° *Dans les conditions d'un trafic correspondant à 36,000 francs de recette brute kilométrique, aux tarifs ordinaires, et produisant 72,000 francs aux doubles tarifs, le tracé C (Mondésir-Lehaître) présenterait un résultat économique inférieur à celui du tracé A (à long souterrain). La comparaison de ces résultats économiques est donnée par les chiffres* cent soixante *et* cent quarante *millions dont le premier est censé représenter le coût d'établissement du tracé C, augmenté du chiffre capital qui correspondrait au surplus des frais d'exploitation annuels du tracé C sur celui A.*

2° *Les tracés B et C seraient privés de trafic et rendus improductifs par la concurrence du Mont-Cenis, dès l'achèvement de ce souterrain, c'est-à-dire d'ici à 10 ou 15 ans.*

3° *Le tracé A à long souterrain devrait dès lors être adopté seul comme tracé définitif, pouvant seul lutter avantageusement avec la concurrence des passages voisins.*

4° *Le tracé B devrait seul être adopté à titre provisoire, permettant seul dans les conditions d'un trafic modeste un amortissement à court terme et avant que la concurrence ait enlevé les ressources de vitalité.*

5° *Le tracé C (Mondésir-Lehaître) présentant sensiblement le même coût d'établissement que le tracé A (long souterrain) et un résultat économique général très inférieur, ne pouvant ni lutter contre la concurrence d'une ligne basse, ni produire une recette suffisante pour l'amortissement de son capital avant l'ouverture d'une ligne basse,* DOIT ÊTRE ÉCARTÉ, TANT COMME SOLUTION PROVISOIRE QUE COMME SOLUTION DÉFINITIVE.

Et maintenant, que nous avons prouvé par une argumentation serrée basée sur des documents irrécusables, quelle serait, *au point de vue économique de l'entreprise;* la seule solution rassurante d'un passage alpin, du passage du Simplon en particulier, nous allons passer en revue les considérations d'un ordre différent, qui doivent intervenir encore dans les décisions à venir. Nous commencerons par examiner la question au point de vue qui se lie directement à celui de l'économie de l'entreprise de construction et d'exploitation d'une ligne alpine. Nos recherches porterons en premier lieu sur la valeur des trois systèmes, au point de vue de l'*économie générale du pays,* soit au point de vue d'*économie politique,* qui doit comprendre aussi, à notre avis les intérêts commerciaux, dont on a tenté, à tort, il nous semble, de former une catégorie à part.

CHAPITRE II.

Etude de la question au point de vue des intérêts d'économie générale et politique.

Divers intérêts d'économie politique qui se rattachent à la création d'une ligne ferrée.

De quelle manière l'avenir d'un pays est-il intéressé à l'établissement d'une voie ferrée, d'une voie de communication en général? telle est la première question que nous devons nous poser et résoudre.

Nous ne nous arrêterons pas trop à ces avantages qui peuvent parler fortement en faveur d'un système, mais qui en même temps échappent à l'appréciation numérique même approximative. Nous n'insisterons pas sur cet intérêt général qu'ont les populations riveraines d'un passage alpin, de posséder, non seulement une voie de communication, mais encore une voie rapide et sûre et une circulation régulière. A ce point de vue, la question serait préjugée, en ce qui concerne le Simplon, en faveur du tracé A à long souterrain, et si l'on voulait tenir compte encore de l'intérêt qui parle en faveur d'une jouissance immédiate, bien que moins complète, *sans exclusion de la solution définitive,* ce serait le tracé B, établi à titre provisoire, qui mériterait nos suffrages. Le tracé C de la compagnie du chemin de fer d'Italie se trouverait exclu en tout cas. *Ainsi donc, un premier intérêt d'économie générale, celui qui se rattache essentiellement au trafic des voyageurs, confirmerait pleinement les conclusions que nous avons développées dans le chapitre précédent.*

Abordant maintenant le problème à un point de vue plus défini, et raisonnant, comme on dit vulgairement, la question argent, nous voyons un triple intérêt qui se lie pour le public général à l'établissement d'une voie de communication, d'un chemin de fer en particulier: 1° L'intérêt du producteur, qui trouve un débouché plus facile, plus rapide et plus économique de ses produits; 2° l'intérêt du consommateur, qui reçoit à meilleur compte les produits venant de loin; 3° l'intérêt du commerçant, qui sert d'intermédiaire aux échanges entre le producteur et le consommateur.

Si ces trois catégories d'une population sont toutes intéressées, comme le simple voyageur, à une solution rapide (et la chose nous paraît hors de doute et n'exiger aucune preuve) un intérêt certes non moins grand parle aussi en faveur de la solution définitive et durable. La rapidité d'exécution doit être recherchée sans doute, *mais elle ne doit pas être adoptée à l'exclusion du définitif et au détriment de l'avenir.* Ce serait une triste spéculation de la part d'un peuple et d'un Etat, que celle qui n'aurait en vue qu'une période décennaire et qui sacrifierait à un intérêt immédiat les intérêts bien majeurs de l'avenir, la prospérité des générations suivantes.

Quelle serait, parmi les trois systèmes mis en présence, pour le passage du Simplon, celui qui garantirait *définitivement* les intérêts *plutôt industriels et commerciaux* des populations riveraines, desservies par cette ligne alpine?

Nous pouvons nous dispenser d'entrer à ce sujet, dans de longs arguments.

Ce ne serait pas avec un tracé onéreux et impuissant à soutenir la concurrence d'une ligne voisine, que l'on pourrait se bercer d'une légitime espérance, d'obtenir, pour les produits venant de loin, les prix bas qui sont le résultat constant de l'affluence abondante sur un grand marché ou sur une artère avantageuse et par là fréquentée.

Ce ne serait pas dans ces mêmes conditions que la production locale pourrait compter sur les prix de transport réduits qui lui assureraient un vaste et lointain débouché.

Si la concurrence peut produire dans certains cas des prix bas, il ne faut pas oublier, d'autre part qu'une telle réduction involontaire, de la part d'une compagnie financière, ne s'appliquerait qu'aux points géographiques *à plus ou moins grande distance d'un col alpin*, qui subiraient l'influence de cette concurrence. Il n'en serait pas ainsi en tout cas *des contrées directement limitrophes* des passages alpins. [33])

[33]) Pour fixer les idées, prenons un exemple, et supposons, comme nous l'avons déjà fait, que la concurrence entre le Mont-Cenis et le Simplon puisse exister

Tout porte à croire que les compagnies maintiendraient des tarifs élevés pour ce rayon, qu'elles profiteraient, useraient et abuseraient de leur monopole, cela quelque peu important que puisse être le trajet privé de concurrence, et d'autant mieux que les prix d'exploitation élevés ne permettraient pas seulement de descendre avec les tarifs en dessous de certaines limites.

La question devient encore moins douteuse lorsqu'on envisage à côté de l'intérêt du cultivateur-industriel-*producteur* et du *consommateur* celui du *commerçant.*

Nous osons affirmer que les intérêts du commerce sont presque inhérents et liés directement à ceux de l'entreprise financière de l'exploitation d'une ligne alpine. Comment supposer, en effet : d'une part une ligne privée de trafic et d'autre part, sur le parcours de cette ligne, le développement commercial qui ne peut exister qu'en vertu d'un trafic facile, régulier et bon marché. Certes lorsque les produits arriveraient dans le canton de Vaud par le Mont-Cenis, les commerçants ne pourraient guère espérer de desservir des marchés lointains ; étant desservis eux-mêmes de si loin, ils devraient s'estimer heureux de recevoir de seconde main les produits destinés seulement à la consommation locale.

Ainsi donc tous les arguments d'économie générale et politique tendent à confirmer les conclusions développées dans le chapitre précédent.

Importance des bénéfices publiques qui résulte de la création des chemins de fer et qui doivent résulter de la création de lignes alpines.

Nous ne pouvons quitter les développements de l'ordre politico-économique, sans nous livrer à quelques reflexions accessoires qui en établissent l'importance générale.

Grand nombre de nos lecteurs aura pris connaissance probablement, d'un travail présenté en 1863, lors de la réunion annuelle de la *Société suisse d'utilité publique.* Les recherches de ce travail ont pour objet une appréciation numérique des avantages que la Suisse retire de l'établissement de son réseau de Railways. Les développements fournis par M. Risler sont intéressants autant qu'instructifs, et puisque l'occasion se présente, nous en profitons pour remercier l'auteur et pour formuler quelques conclusions qui, n'étant pas déduites dans le livre en question, se rapportent plus particulièrement au problème que nous avons à tâche de résoudre.

L'auteur de ce livre prouve, par des chiffres, qui en majeure partie

jusqu'à Bussigny. La lutte dans les tarifs ne commencerait qu'à partir de ce point et ne profiterait qu'au public habitant le long des artères Bussigny-Jongue, Bussigny-Neuchâtel, Bussigny-Lausanne-Fribourg et au delà. Les localités dans la proximité plus immédiate du Simplon, Bex, Sion, n'auraient aucun avantage à attendre de la lutte de concurrence qui n'existerait plus pour elles. En effet, pour qu'elle pût exister, il faudrait, non-seulement que le Mont-Cenis renonçât à des tarifs différentiels, mais encore qu'il fît le sacrifice entier d'une recette équivalente au produit du double parcours Bussigny-Sion = 220 kilomètres, soit de 11 francs par tonne au minimum. Ce sacrifice n'est pas probable, la concurrence donc n'agirait guère sur le trouçon situé entre Bussigny et le Simplon — et ce tronçon serait toujours plus ou moins à la merci d'une compagnie de chemin de fer par le Simplon et ne pourrait compter, avec une entreprise financièrement gênée, sur aucune réduction au delà des limites stipulées par l'acte de concession.

nous semblent fondés, que la Suisse bénéficie à cause de la création des voies ferrées d'une somme annuelle de 60 millions environ. Cette somme représente plus que l'intérêt d'un millard.

Pour peu que l'on prête, comme nous, au livre en question un caractère sérieux, on a lieu de se réjouir. Le résultat économique ne fût-il même que la moitié de celui qui résulte des déductions de M. Risler, on comprendrait pourquoi la mauvaise position bien réelle de quelques-uns des chemins de fer suisses, n'ait pas eu pour le crédit public les conséquences funestes qu'on chercha à mettre parfois en perspective. Le mal plus apparent que réel a été supporté en grande partie par les capitaux étrangers, et si dans le pays même la spéculation malheureuse a pu produire quelques dénivellations, d'intérêts et de fortunes, le résultat général a été trop favorable, pour que nos regrets doivent paraître à côté du bienfait d'une grande œuvre de civilisation.

Etat actuel de la spéculation privée par rapport aux chemins de fer suisses.

Rejouissons-nous donc de l'issue de cette grande tentative, mais en même temps prenons du passé les expériences, acquises par des fautes, sans nous bercer des illusions qui pourraient naître des chances heureuses d'alors. Il est, sinon incontestable, au moins très probable, que de nos jours bien des errements commis, il y a 7 ou 8 ans, ne se répréteraient plus, qu'on ferait disparaître surtout le *diltetantisme technique* qui a joué un si grand rôle dans la Suisse française, pour lui substituer *une appréciation saine, une étude profonde et sérieuse.* Il est non moins vrai, qu'aujourd'hui la situation se présente sous un jour moins favorable aux grandes entreprises, qu'en 1854 et 1855. En cela nous avons subi la règle commune, que la sagesse vient lorsque les occasions pour l'appliquer sont devenues plus rares. Les entreprises qui nous restent à accomplir se présentent avec un plus grand inconnu, un moindre appât. La spéculation a subi, dans les affaires, qui semblaient promettre un bel avenir, des déceptions, *que nous ne voudrions pas qualifier de non méritées,* mais qui pour cela ne sont pas moins réelles. La confiance en un mot est ébranlée.

Cette situation, quelque peu favorable qu'elle puisse paraître, ne sera pas compromettante pour nos grands intérêts, à condition que nous sachions reconnaître les exigences nouvelles qui en découlent.

Si le passé a fait la part si belle à notre pays; si les sacrifices ont été si faibles et les résultats si grands; si nos ressources ont été ménagées jusqu'à ce moment: nous ne devons pas conclure de là, qu'une attitude tout à fait passive nous ferait obtenir aujourd'hui encore les mêmes résultats. Le temps change et avec lui changent les exigences. Le génie des hommes d'Etat et des financiers politiques consiste et a toujours consisté à saisir les besoins de l'époque.

Aujourd'hui nous traversons une crise qui peut tourner en bien ou en mal, selon l'attitude qu'y prendront les partis intéressés. En présence de l'affaiblissement compréhensible de l'initiative privée, un grand rôle est dévolu aux gouvernements. Ce rôle peut sortir du rayon de traditions respectables et soulever de légitimes scrupules ou reflexions. Mais il ne doit être rejeté de prime abord, et *pourrait* dès lors être accepté.

Dans notre pensée, un gouvernement, si l'on veut un Etat, *et sur-*

tout un Etat démocratique ne peut séparer son existence et ses intérêts de l'intérêt public, intégrale résumant les intérêts de chaque parcelle. Si le public est riche l'Etat est riche aussi. Et si l'Etat a dépensé et que tout le public tire de larges fruits de ces dépenses, l'Etat a fait une bonne affaire. Bientôt il retrouvera par des contributions peu lourdes les sacrifices qu'un mesure tutélaire aura mis à sa charge.

Intervention des Etats dans la création des lignes ferrées en général.

Nul part mieux qu'en Angleterre, ce principe n'a été compris. Lorsqu'on regarde le chiffre colossal de la dette publique de ce pays (15 milliards), on est frappé d'inquiétude et d'appréhension. En examinant de plus près on trouve que le crédit de l'Etat n'a pas diminué et que sa situation financière s'est améliorée, surtout depuis les dernières années. L'Angleterre n'a craint aucun sacrifice pour développer les immenses ressources de son sol, pour maintenir les débouchés de son industrie et de son commerce, en maintenant la supériorité de son pavillon sur les mers les plus éloignés. Elle a dépensé sang et or pour obtenir un grand but et ce but a été atteint. Son peuple est devenu riche et prospère, son crédit n'a pas baissé, sa dette, après avoir suivi longtemps une marche ascendante a fini par atteindre et dépasser son sommet et l'argent reflue maintenant vers sa source. Malgré les sacrifices continuels pour ses moyens de défense, l'Angleterre aujourd'hui, sans augmentation du taux de ses impôts, fait face à ses dépenses, paie les intérêts de sa dette et en opère la réduction sur une échelle déjà importante. On serait rempli d'admiration pour la justesse du coup d'œil pour la hardiesse de la conception et la perséverance de l'exécution, si l'on ne devait pas attribuer à des influences auxiliaires, une mesure qui a eu une si grande et si complète réussite.

Une inspiration analogue a fait la force d'un puissant gouvernement voisin, lorsque, en 1852, il donna l'éveil par son initiative refléchie, quoique hardie, au grand essor matériel, qui tripla en peu d'années la longueur du réseau alors existant des chemins de fer français. Aujourd'hui, déjà l'Etat retire des bénéfices de son intervention active.

En citant ces exemples, nous ne voulons pas en tirer une conclusion trop directe en ce qui concerne la Suisse. Nous sommes persuadé que la situation des petits pays est très différente de celle des grands Etats, si bien, que même le rapport des populations et de leur richesse, ne saurait toujours fournir la limite de ce qui peut être admissible pour l'un et devenir imprudent pour l'autre.

Intervention des cantons suisses et de la Confédération dans la création des lignes alpines.

Mais cette réserve est encore bien distante de l'étroit esprit qui voudrait rejeter toute idée de sacrifice pour une grande œuvre, *dont les avantages pour le public sont en tout cas les moins incertains*. Loin de nous l'idée de blâmer des hésitations consciencieuses et de prudentes reflexions. Nous les partagerons, mais jusqu'au moment seulement, où la raison aura dit son dernier mot, où il sera prouvé qu'un grand bien ne peut être obtenu sans un sacrifice bien moindre et faisable avec nos ressources. Alors nous aborderions courageusement le sacrifice.

Pour formuler nos conclusions d'une manière plus directe, nous dirons que les passages alpins ne se créeront pas, selon toute probabilité sans subventions importantes de la part des gouvernements limitrophes et intéressés. La Suisse devra fournir sa part, et cette part incomberait dans notre opinion, non-seulement aux cantons, mais aussi à la Confédération.

Pour fixer la limite admissible du sacrifice, il n'est certes pas inutile de se rendre compte de l'importance des avantages que l'on peut espérer d'en retirer. A ce point de vue, les recherches de M. Risler forment une indication précieuse. Si les passages des Alpes pouvaient procurer à la Suisse le tiers seulement de l'avantage pécunier, de 60 millions par an, que calcule l'auteur Zuricois, comme résultat de l'établissement de notre réseau actuel, soit environ 20 millions, ou l'intérêt de 400 millions, un sacrifice de 50 à 60 millions, ne nous paraîtrait pas anormal.

La Confédération devrait, il nous semble, prendre l'initiative d'une pareille mesure. Bientôt elle serait suivie par d'autres Etats. Sans engager notre opinion, qui, formelle quant aux systèmes n'est pas encore entièrement refléchie, en ce qui concerne les divers tracés proposés en Suisse, nous dirons que si plusieurs passages pouvaient être exécutés moyennant des subventions de 10 à 15 millions que ferait entrevoir la Coufédération à chacun, le pays et les conseils, en adoptant une telle mesure n'auraient pas, à notre avis, à s'en repentir. Deux réserves seulement sont motivées : la première est, que la répartition se fasse avec une équité parfaite, qu'un principe fondamental juste étant adopté, on ne viole pas la justice dans son exécution ; la deuxième réserve se rattache aux garanties du résultat entrevu, qui pourraient être obtenues facilement, si la Confédération ne traitait définitivement avec une compagnie, qu'après que celle-ci aurait justifié ses ressources suffisantes, et si les versements de la subvention devaient être effectués, selon stipulation, seulement dans le courant ou après l'achèvement des travaux.

CHAPITRE III.

Etude de la question aux points de vue politique et militaire.

Importance relative des considérations politico-militaire.

Nous pouvons passer rapidement sur les considérations politiques et militaires qui se rattachent à l'étude DES SYSTÈMES d'un Railway franchissant les Alpes suisses. Ces deux points de vue, le dernier surtout, ne doivent pas être à la vérité sans influence sur les décisions à venir. Il nous semble cependant que son importance relative à souvent été exagérée, dans les débats antérieurs. Un fait certain est, d'autre part, que les motifs stratégiques ont été chez nous invoqués, avec la même ardeur, et soutenus par des hommes compétents en faveur de divers tracés et souvent de tracés en concurrence. On peut déduire de là une certaine élasticité dans les appréciations de cette science, et, peut être aussi une condescendance en faveur d'autres intérêts, d'un ordre plus matériel.

Telle n'est pas du reste notre tendance. Aussi nous proposons-nous de traiter la question militaire avec tous les détails qu'elle comporte, lorsque, plus tard, dans un ouvrage prochain, nous examinerons les diverses artères générales proposées pour le passage des Alpes suisses. Pour le moment le *système* seul nous préoccupe, et mitigée seulement est l'influence des intérêts politiques et stratégiques dans le choix parmi divers systèmes qui seraient appliqués à un tracé qui devrait suivre une même direction générale et franchir un même col.

Nous poserons de prime abord en principe que les motifs politiques qui doivent nous guider sont essentiellement du ressort de la politique extérieure. Nous pensons que dans une république démocratique, comme la nôtre, la politique intérieure, pour peu qu'elle existe ou soit en droit d'exister, ne doit avoir d'autres bases que les principes d'égalité et d'équité envers tous : grands et petits, quelques soient d'ailleurs les partis et les opinions représentés. Ces principes ne sont pas toujours suivis, mais ils sont les seuls que l'on doive invoquer, les seuls que nous voudrions poser devant nos concitoyens.

Motifs du ressort de la politique intérieure.

Au point de vue de la politique intérieure, *ainsi définie ou épurée*, rien ne parle précisément en faveur d'un *système* au détriment de l'autre; les influences grandes et décisives dans ce sens sont toutes de l'ordre plutôt matériel.

Au point de vue de la politique extérieure, la position de neutralité de la Suisse, et ses aspirations de conservation plutôt que d'agression, éliminent de prime abord un facteur important. Nos intérêts politiques sous se rapport se résument dans la tendance du maintien de notre indépendance et de notre intégrité. Il se confondent par là avec les intérêts qui se rattachent à notre défense militaire.

Motifs du ressort de la politique extérieure.

Quelle serait, en effet l'influence directe de la création des lignes alpines suisses ? Nous serions rapprochés de l'Italie, nos communications avec ce pays deviendraient plus fréquentes puis nous subirions sur une plus vaste échelle, le transit entre la péninsule, et nos aboutissants au nord, la France et l'Allemagne. Ces résultats pourraient-ils porter préjudice à nos intérêts politiques, en effaçant notre autonomie, en excitant la convoitise des peuples voisins ? Nous ne le pensons pas. L'esprit d'agression part moins de nos jours des peuples que de la part de ceux qui les gouvernent. Les échanges entre les nations créent des intérêts et les intérêts craignent les commotions.

Mais en serait-il autrement; les progrès dans les communications n'exerceraient-ils point l'effet plutôt pacifiant que nous leur prêtons : alors nous nous trouverions placés en face du dilemme : d'un danger qu'il est possible de combattre et de l'isolément; et choisissant la seconde alternative nous ne devrions faire aucun chemin de fer alpin, et nous arrêter sur la pente périlleuse sur laquelle nous sommes déjà fortement engagés, de construire des chemins de fer en général.

Comme tel n'est pas le parti qui trouverait un écho parmi nous ; et comme nous ne tenons pas à prendre place à l'écart des bienfaits de la marche de la civilisation, il ne nous reste d'autre parti que d'accepter une situation qui peut comporter quelques dangers, en nous prémunissant contre ceux-ci autant qu'il est en notre pouvoir. Ainsi donc, des motifs de politique extérieure, ne doivent pas entraver notre choix de la solution qui sied à nos autres intérêts. Mais en même temps, pour nous garantir dans la question présente, des tendances d'agression peu probables des masses et de la convoitise plus supposable des individus, il nous incombe : de songer aux moyens de défense et de garantir par des mesures spéciales, si cela est nécessaire les avantages de notre situation actuelle.

Motifs militaires ou stratégiques.

Les intérêts politiques étant ralliés entièrement aux intérêts militaires, et, par suite de notre neutralité, aux intérêts de la défense du sol Helvétique, nous pouvons résumer les recherches, qui rentrent dans le cadre de notre travail actuel, dans cette question : *Quelle serait parmi les trois* SYSTÈMES *proposés pour franchir les Alpes par un Railway, celui qui garantirait le mieux notre position défensive?*

Notre réponse n'est pas difficile et coule de source. Si une voie de communication quelconque est facile à intercepter, il en sera ainsi du tracé, qui, comme celui décrit sous A, comporterait un souterrain de 17 kilomètres.

Moyennant quelques installations de faible importance, à l'aide de quelques travaux de fortification, à l'extrémité suisse du tunnel, et à l'embouchure des puits situés sur le sol suisse, il serait possible de rompre les communications d'un instant à l'autre. L'ennemi qui tenterait à forcer le passage des Alpes, aurait à franchir, comme auparavant, comme actuellement, le col, et serait exposé à une marche de 15 à 20 heures au moins, rendue autrement longue par les difficultés que les défenseurs amasseraient sur son passage.

Les tracés franchissant les cols par les sommets présenteraient toujours quelques facilités de plus pour celui qui voudrait s'en servir. Les chemins de fer à ciel ouvert ne s'interceptent jamais complètement. On enlève les rails sur de faibles longueurs; on les remet tout aussi vite et, en attendant, les tronçons isolés très longs fournissent une ressource précieuse pour le transport sur trucs (petits wagons) des canons, des munitions et des vivres. Les guerres d'Amérique et le soulèvement de la Pologne forment, à ce sujet, des commentaires. Un autre exemple non moins frappant est celui : que les armées françaises ont dû établir des Railways en Crimée et au Mexique pour assurer leurs bases et lignes d'opérations, pour permettre les approvisionnements en munitions et en vivres, qui sans cela deviennent d'une difficulté extrême par la mauvaise saison, à cause de la rapide détérioration des routes macadamisées.

Nous ne voulons pas donner à ces considérations une importance trop majeure, et nous couperons court, par là à des objections que nous avons prévues et examinées, et qui nous paraissent trop longues et trop spéciales pour que nous les développions ici. Nous voulons parler, entre autres, de la possibilité qu'il peut y avoir pour un ennemi, de forcer les aboutissants d'une ligne alpine, et de se rendre maître par là d'une artère, pour lui d'autant plus précieuse, qu'elle serait plus facile, mieux garantie et plus rapide.

Cette éventualité rentre dans la loi commune, applicable à tous les travaux de fortification : *Qu'une arme fort bien faite*, peut devenir, d'un avantage qu'elle était, un inconvénient et un danger, si on a soin de la prêter au voisin ou de l'abandonner à l'ennemi.

Pour peu que les tracés inférieurs facilitent la défense, leur supériorité se trouve donc établie aussi aux points de vue politique et militaire. Cette supériorité jointe aux avantages prépondérants que nous avons déjà développés en examinant la question comme solution économique, ne laisse plus de doute sur le sens dans lequel doivent agir les gouvernements et le peuple de la Suisse et ceux qui sont intéressés d'une manière plus directe à la traversée des Alpes par une voie ferrée.

QUATRIÈME PARTIE

CONCLUSIONS GÉNÉRALES

Notre conclusion après l'exposé général et la discussion de la question, pourrait se résumer en quelques mots que nous venons déjà de prononcer : *Que tous nos efforts doivent rester dirigés vers la solution définitive que nous avons developpée comme étant la seule rationelle et la seule rassurante pour nos intérêts présents et futurs.*

Comme il importe cependant, de suivre une marche méthodique dans les négociations et travaux à venir, nous ajouterons quelques développements à ce sujet.

Nous avons déjà dit qu'une solution provisoire ne serait pas contraire à la réalisation de la solution définitive et nous nous sommes empressés d'ajouter, qu'elle aurait en tout cas l'avantage de procurer une jouissance immédiate du tout ou de partie des bienfaits qui doivent résulter de la création d'une ligne alpine. Nous ajouterons encore que le provisoire pourrait même dans une certaine limite favoriser le définitif, en créant des courants commerciaux et en attirant l'attention des capitalistes vers les lignes ainsi desservies provisoirement.

Les solutions provisoires de cette nature ne sont pas du reste sans antécédents. Les Etats-Unis de l'Amérique du Nord nous fournissent à ce sujet des exemples. Souvent la spéculation recourût à une telle issue, et cela, lorsque la disproportion entre le coût et de la durée des travaux ne fût guère plus considérable qu'elle ne le serait, selon toute probabilité, par rapport aux systèmes A et B, pour le passage des Alpes suisses.

Nous avons toutefois exprimé quelques réserves sur le caractère bien réellement provisoire des tracés à très fortes rampes, sur leur coût réduit et sur la possibilité d'amortir le capital de construction dans un court terme, avant l'achèvement des lignes définitives.

Une étude très détaillée sur le terrain pourrait seule renseigner à ce sujet. Cette étude forme donc un préliminaire indispensable à toute décision sur l'adoption et le rejet d'une solution provisoire.

Nous avons expliqué enfin, pourquoi, parmi les systèmes provisoires proposés, celui de M. Thouvenot, soumis a quelques modifications, nous paraissait sauvegarder le mieux le caractère provisoire, tout en sortant moins des expériences acquises, et dispensant, par là, d'essais spéciaux et coûteux de la puissante machine-locomotive proposée par cet ingénieur.

Nous résumerons maintenant ces diverses considérations dans la proposition : *de faire étudier avec tous les soins et détails sur le terrain des tracés conformes au programme de rampes et courbures que comporte le système de Matériel et de traction de M. Thouvenot; de faire élaborer les devis avec tous les soins possibles et de consacrer à cette étude et à celle de la solution définitive, qui pourrait être faite simultanément une somme de cent à cent vingt mille francs par passage à étudier.*

Les deux solutions étant ainsi étudiées, on verrait le coût probable de chacune, sauf à porter, comme nous l'avons fait, une somme exceptionnellement forte pour le coût du grand souterrain, et pour le service des intérêts des capitaux engagés dans ce travail.

On se déciderait, selon les résultats de cette recherche consciencieuse (quant aux chiffres du coût), à agir ou non dans le sens de l'établissement d'un tracé provisoire. Mais toujours la solution définitive serait gardée en vue.

En ce qui concerne cette dernière solution, son avenir dépend moins du résultat des études sur le terrain que des travaux de cabinet, suivis d'essais pratiques.

Les chiffres que nous avons adoptées dans notre évaluation du coût d'un tracé avec long souterrain au Simplon se basent en grande partie sur des faits déjà acquis par les travaux du Mont-Cenis. D'autres, moins argumentés sont si extraordinaires; que nous pouvons dire que le chiffre-devis adopté, de 140 millions, pour un tracé inférieur Brigue-Domo-d'Ossola ne serait pas dépassé et que, selon toute probabilité, d'importantes économies seraient réalisées sur ce chiffre.

Ces économies deviendraient immenses, si des prévisions telles que celles émises au sujet de la machine de perforation, proposée par M. Pressel, devaient se réaliser. On a déjà vu à quel résultat extraordinaire conduisent les essais élémentaires et calculs de cet Ingénieur, essais et calculs que nous pouvons affirmer en tout cas comme étant consciencieux et justes, malgré nos doutes sur la réalisation entière des progrès entrevus. [34])

Trouver un moyen pour la perforation rapide et économique des galeries de souterrains, c'est résoudre le problème et décider l'établissement des lignes alpines.

Bien que nos calculs sur le coût d'un tracé inférieur au Simplon soient basés en partie sur les résultats actuellement obtenus dans l'attaque du souterrain du Mont-Cenis, nous trouvons ces résultats encore si peu favorables, relativement à ce que l'on est en droit d'espérer des progrès de la science, qu'il nous paraît le meilleur parti, *de temporiser encore, avant d'entreprendre de nouveau un si gigantesque travail. On a tout à gagner, et peu à perdre, à attendre les progrès dans les systèmes de perforation et à se mettre au bénéfice d'expériences acquises sans en payer les frais d'apprentissage.* Ces progrès une fois atteints seront probablement tels, que le temps perdu serait vite regagné.

Mais une telle temporisation n'implique pas une attitude passive, dans les tendances et essais d'améliorations qui vont avoir lieu. A un point de vue de dignité tout autant que d'intérêt nous ne voudrions pas conseiller un parti semblable aux gouvernements et au peuple de notre pays.

Il y a une double initiative à prendre pour ceux qui s'intéressent à la réalisation du grand problème du percement des Alpes. 1° *De suivre d'une manière continuelle et attentive les travaux qui sont déjà en cours d'exécution, au souterrain du Mont-Cenis.* 2° *De provoquer et d'encourager des essais nouveaux, sur des systèmes perfectionnés, de soumettre à des expériences pratiques les idées reconnues par des personnes compétentes comme étant bonnes et susceptibles d'application.* La machine de perforation projetée par M. Pressel, devrait, cela nous semble, rentrer dans cette dernière catégorie.

Nous sentons que cette proposition est fort délicate, que son exécution exige beaucoup de reserves, en présence d'une émulation toujours louable, mais souvent peu compétente; mais nous pensons aussi que c'est là un inconvénient nécessaire qui n'aurait d'autre suite que celle d'occasionner parfois une perte de temps pour les

[34]) Nous considérons toujours la machine de M. Pressel comme un perfectionnement important sur celles qui fonctionnent au Mont-Cenis. Les prévisions de l'auteur seraient-elles réduites dans la proportion de 3 à 1, son système présenterait encore un avancement journalier double à celui que l'on obtient actuellement dans la construction du souterrain du Mont-Cenis.

personnes qui seraient chargés de discerner entre ce qui n'est pas acceptable et entre ce qui paraît ingénieux et sérieux et pourrait devenir susceptible de beaux et heureux résultats.

Il arrive souvent que de grandes question échouent devant de petits obstacles ; car telle est la tendance générale de l'esprit humain, que nous souscrivons facilement à de grands sacrifices en faveur d'une solution médiocre mais connue, tandis que des propositions nouvelles, sérieuses et refléchies, mais sans antécédents, ne sauraient provoquer de notre part le plus léger intérêt, la plus modeste assistance.

Le conservatisme scientifique a une grande raison d'être, lorsqu'il se manifeste à titre d'acceptation prudente ; mais il cesse d'être motivé et devient absurde, lorsqu'on cherche à en ériger un système et lorsqu'il prend les allures d'un parti pris.

Appliquant ces reflexions à la question présente, nous voyons d'un côté, des intérêts immenses liés à l'invention d'un nouveau système de perforation. On a pu se persuader par la lecture de nos appréciations économiques que des millions pourraient être épargnés par suite du gain de quelques années, dans l'établissement d'un souterrain alpin. Comparativement faibles, deviennent d'autre part les sacrifices que nous proposons, dans le but de stimuler l'initiative des hommes spéciaux, sinon par des récompenses appropriées à leurs sacrifices, au moins par l'espoir d'un examen impartial et la possibilité d'essais pratiques que l'on ne doit guère attendre de l'initiative privée.

Partant de cette comparaison, nous ne pensons pas qu'on puisse qualifier d'exagérée notre proposition, d'affecter cent ou deux cent mille francs aux primes d'encouragement, aux essais pratiques et au contrôle des idées qui auraient pour but une amélioration dans le système de perforation mécanique des galeries de souterrains.

FIN

Nous terminons ici notre travail sur le sujet si intéressant du passage des Alpes helvétiques par un chemin de fer.

Nous serions heureux si nos recherches pouvaient faire jaillir quelques lumières, et par là n'être pas sans toute utilité, dans les débats qui vont avoir lieu incessamment.

Si notre désir et notre tendance vers une étude consciencieuse, et vers une appréciation impartiale, pouvaient faire disparaître, aux yeux de nos lecteurs, les imperfections de forme de cette brochure, nous aurions quelque droit d'être rassuré sur l'accueil qui lui est réservé.

www.ingramcontent.com/pod-product-compliance
Ingram Content Group UK Ltd.
Pitfield, Milton Keynes, MK11 3LW, UK
UKHW031942260826
14628UKWH00004B/1804

9 782014 112627